U0662422

# 读案例 学安规 反违章
## ——《电力安全工作规程》案例警示教材

### （线路、配电部分）

北京华电万通科技有限公司　编著

中国电力出版社
CHINA ELECTRIC POWER PRESS

## 内 容 提 要

本书以《安规》为主线，针对一线班组在各生产作业环节中的存在的违章现象，列举了线路作业工作环节中的 26 个典型事故案例和配电作业的工作环节中的 36 个典型事故案例，从事故经过、现场目击、案例警示、《安规》对照四个方面，详细解读了事故案例的发生经过，深度剖析了事故成因以及应遵守的《安规》条款。

本书通过图文并茂的表现形式，以生动形象的画面、通俗易懂的语言，针对电力生产中的危险点和风险因素，直观醒目地警示了作业人员学习、遵守相关《安规》条款，切实达到反违章的目的。

本书作为电力企业对员工进行安全教育的培训教材，还可供电力企业基层班组、现场作业人员、安全管理人员学习参考。

## 图书在版编目（CIP）数据

读案例　学安规　反违章：《电力安全工作规程》案例警示教材.线路、配电部分 / 北京华电万通科技有限公司编著 . — 北京 : 中国电力出版社 , 2017.6 （2023.6重印）

ISBN 978-7-5198-0791-7

Ⅰ．①读… Ⅱ．①北… Ⅲ．①电力安全－安全规程－中国－教材②输配电线路－安全规程－中国－教材③配电系统－安全规程－中国－教材 Ⅳ．① TM7-65

中国版本图书馆 CIP 数据核字 (2017) 第 118855 号

出版发行：中国电力出版社
地　　址：北京市东城区北京站西街 19 号（邮政编码 100005）
网　　址：http://www.cepp.sgcc.com.cn
责任编辑：闫柏杞（010-63412793）
责任校对：王晓鹏
装帧设计：张俊霞　左　铭
责任印制：蔺义舟

印　　刷：北京瑞禾彩色印刷有限公司
版　　次：2017 年 6 月第一版
印　　次：2023 年 6 月北京第五次印刷
开　　本：880 毫米 ×1230 毫米 32 开本
印　　张：8.25
字　　数：185 千字
印　　数：6501—7500 册
定　　价：39.00 元

安全是电力生产的前提和保障，电力生产具有生产环节多、现场带电设备多、交叉作业多的特点，电力企业95%以上的生产安全事故由违章引发。2016年11月24日，国家能源局综合司印发《关于深刻汲取事故教训切实做好电力建设安全工作的紧急通知》国能综安全〔2016〕780号，对切实加强电力建设施工安全管理，坚决遏制重、特大事故的发生，确保人民群众生命财产安全，提出了进一步要求。

本书以一线班组在各生产作业环节中发生的作业事故和存在的作业风险隐患为素材，列举了线路施工、电力电缆工作、配电设备工作等线路作业和配电作业生产环节中的共62个典型事故案例，从事故经过、现场目击、案例警示、《安规》对照四个方面，详细解读了事故案例的发生经过和原因，并以案例为警示，深度剖析了事故的警示作用以及应遵守的条规条款。读者在阅读本书的同时，可以通过"读案例"的过程，"学《安规》"条款，提高"反违章"意识。

本书使用了图文并茂的表现形式，以生动形象的画面、通俗易懂的语言，针对电力生产中的危险点和风险因素，直观醒目地警示了作业人员必须遵守的《安规》条款和安全常识。

由于编者水平有限，书中如有疏忽和差错之处，欢迎各位读者批评指正。

# 目 录

contents

# 第二部分 配电部分

# 第一部分　线路部分

**1** 范围

（略）

**2** 规范性引用文件

（略）

**3** 术语和定义

（略）

**4** 总则

（略）

**5 保证安全的组织措施**

**案例1** 未确认电缆无电即处理故障

电缆运行班长触电身亡

---

### 事故经过

某变电站西关Ⅰ路218断路器速断保护动作跳闸，调度值班人员立即通知配电工电区电缆运行班陈班长调查事故原因。

在变电工区运维人员完成停电、验电、装设接地线等安全措施后，陈班长进行了现场检查。

检查中发现有两条电缆，有不同的破损，陈班长认为应该是东侧西关Ⅰ路线，并没有用绝缘刺锥确认，就开始处理故障。实际该破损电缆是运行中的西关Ⅱ路线。陈班长在割破有电电缆后触电身亡。

## 现场目击

▶▶ 某变电站西关 I 路218断路器速断保护动作跳闸，调度值班人员立即通知配电工电区电缆运行班陈班长调查事故原因。在变电工区运维人员完成停电、验电、装设接地线等安全措施后，陈班长进行了现场检查。陈班长到达现场后进行了现场检查。

▶▶ 检查中发现有两条电缆，有不同的破损，陈班长认为应该是东侧西关 I 路线，并没有用绝缘刺锥确认，就开始处理故障。

▶▶ 实际该破损电缆是运行中的西关Ⅱ路线。

运行中的西关Ⅱ路线

▶▶ 陈班长在割破有电电缆后触电身亡。

4

## 案例警示

线路作业具有区域跨度大、工作环境复杂、危险因素多等特点，作业现场不可控事项、衔接工序较多。如作业中缺乏对作业现场勘察与分析，易造成人员伤害、设备损伤，故作业前应进行现场勘察。

## 《安规》对照

Q/GDW 1799.2—2013《国家电网公司电力安全工作规程 线路部分》

**5.2.2** 现场勘察应查看现场施工（检修）作业需要停电的范围、保留的带电部位和作业现场的条件、环境及其他危险点等。

根据现场勘察结果，对危险性、复杂性和困难程度较大的作业项目，应编制组织措施、技术措施、安全措施，经本单位批准后执行。

## 案例2 违规拆除接地端

### 感应电压放电 触电烧伤

**事故经过**

　　某送电工区开展同塔架设的330kV下层某空载线路检修工作，杨某在10号塔横担上装设接地线时，按照规定的程序在挂好一相接地线后发现接地线的接地端螺栓松动。杨某在未戴绝缘手套的情况下擅自用手将已挂好的接地线接地端拆下，此时线路的感应电压经接地线对杨某的双手腿部对横担放电，导致其双手及腿部被烧伤。

## 现场目击

▶▶ 某送电工区开展同塔架设的330kV下层某空载线路检修工作。

▶▶ 杨某在10号塔横担上装设接地线时，按照规定的程序在挂好一相接地线后发现接地线的接地端螺栓松动。

7

▶▶ 杨某在未戴绝缘手套的情况下擅自用手将已挂好的接地线接地端拆下。

▶▶ 线路的感应电压经接地线对小杨的双手腿部对横担放电，导致其双手及腿部被烧伤。

## 案例警示

（1）先装接地端后接导体端是操作安全的需要，在装、拆接地线的过程中，应始终保证接地线处于良好的接地状态，这样当设备突然来电时，能有效地限制接地线上的电位，保证装、拆接地线人员的安全。

（2）操作第一步即应将接地线的接地端与地级螺栓做可靠地连接，这样在发生各种故障的情况下都能有效地限制接地线上的电位，然后再接到导体端；拆接地线时，只有在导体端与设备全解开后，才可拆除接地端子上的接地线。否则，若先行拆除了接地端，则泄放感应电荷的通路被隔断，操作人员再接触检修设备或接地线，就有触电的危险。

（3）由于在装拆接地线的过程中有感应电存在或突然来电可能，操作人员必须带好绝缘手套，使用绝缘杆。

## 《安规》对照

### Q/GDW 1799.2—2013《国家电网公司电力安全工作规程　线路部分》

**6.4.1**　线路经验明确无电压后，应立即装设接地线并三相短路（直流线路两极接地线分别直接接地）。

各工作班工作地段各端和工作地段内有可能反送电的各分支线（包括用户）都应接地。直流接地极线路，作业点两端应装设接地线。配合停电的线路可以只在工作地点附近装设一组工作接地线。装、拆接地线应在监护下进行。

工作接地线应全部列入工作票，工作负责人应确认所有工作接地线均已挂设完成方可宣布开工。

**6.4.5**　装设接地线时，应先接接地端，后接导线端，接地线应接触良好、连接应可靠。拆接地线的顺序与此相反。装、拆接地线导体端均应使用绝缘棒或专用的绝缘绳。人体不准碰触接地线和未接地的导线。

## 6  保障安全的技术措施

**案例3** 未对同杆架设的低压线路停电

人员登杆致触电身亡

### 事故经过

　　某供电局10kV某线停电检修。该线路同杆架设0.4kV/0.22kV配电线路，在未对低压线路停电情况下，工作人员孟某登杆穿越低压线路时，手碰触到带电的低压线上触电，身体失去平衡，从高空坠落地面，经抢救无效死亡。

## 现场目击

▶▶ 某供电局10kV某线停电检修。

▶▶ 该线路同杆架设0.4kV/0.22kV配电线路，在未对低压线路停电情况下，工作人员孟某登杆穿越低压线路。

▶▶ 孟某在登杆穿越低压线路时，手碰触到带电的低压线上触电。

▶▶ 身体失去平衡，从高空坠落地面，经抢救无效死亡。

## 案例警示

为防止人员擅自违规操作导致误送电，可直接在地面操作的断路器、隔离开关应外加锁，线路侧隔离开关就地操作把手应自锁或外加锁。对于不能在地面进行直接操作的操动机构，应在其重要部位悬挂标示牌。

停电是指对电气设备供电电源进行隔离操作的过程，是将需要停电的设备与电源可靠隔离，包括工作线路和配合停电线路的停电操作。

## 《安规》对照

Q/GDW 1799.2—2013《国家电网公司电力安全工作规程　线路部分》

**6.2.1**　进行线路停电作业前，应做好下列安全措施：

c）断开危及线路停电作业，且不能采取相应安全措施的交叉跨越、平行和同杆架设线路（包括用户线路）的断路器（开关）、隔离开关（刀闸）和断路器。

案例4　未保证足够的绝缘有效长度

高压线对人体放电致人死亡

**事故经过**

　　某矿业有限责任公司在检修作业时，工作人员祝某在验电做安全措施过程中未按规定戴绝缘手套，并且在使用伸缩式验电器时未保证足够的绝缘有效长度。工作中6kV的高压线对人体放电，祝某经抢救无效死亡。

14

## 🔍 现场目击

▶▶ 某矿业有限责任公司在检修作业。

▶▶ 工作人员祝某在验电做安全措施过程中未按规定戴绝缘手套。

15

▶▶ 并且在使用伸缩式验电器时未保证足够的绝缘有效长度。

未保证足够的**绝缘有效长度**

▶▶ 工作中6kV的高压线对人体放电，祝某经抢救无效死亡。

## 案例警示

验电时，应根据被验设备的电压等级与带电部位保持规定的安全距离，伸缩式验电器应确认各节全部伸出，衔接部位牢靠，以保证绝缘部分的有效长度符合要求，防止人员触电。验电时存在触电的风险，应在专人监护下进行验电。

## 《安规》对照

**Q/GDW 1799.2—2013《国家电网公司电力安全工作规程 线路部分》**

**6.3.2** 验电前，应先在有电设备上进行试验，确认验电器良好；无法在有电设备上进行试验时，可用工频高压发生器等确认验电器良好。

验电时人体应与被验电设备保持表3规定的距离，并设专人监护。使用伸缩式验电器时应保证绝缘的有效长度。

# 7 线路运行和维护

**案例5** 操作票字迹潦草

致操作人员工作中误操作

## 事故经过

　　某电业局城关服务站10kV 135号线路1号杆部分线路进行检修。本应拉开10kV 135号线路1号杆上的柱上油断路器，由于操作票填写潦草，操作人员误把10kV 135号线路1号杆中的"5"看成"6"，把10kV 136号线路1号杆上柱上油断路器断开，造成恶性误操作未遂事故。

**现场目击**

▶▶ 某电业局城关服务站10kV 135号线路1号杆部分线路进行检修。

▶▶ 本应拉开10kV 135号线路1号杆上的柱上油断路器。

10kV135号线路1号杆上的柱上油断路器

▶▶ 由于操作票填写潦草，操作人员误把10kV 135号线路1号杆中的"5"看成"6"，把10kV 136号线路1号杆上柱上油断路器断开。

▶▶ 造成恶性误操作未遂事故。

## 案例警示

　　为保证操作票填写内容清楚、准确，规定应使用黑色或蓝色钢（水）笔或圆珠笔等字迹清楚的笔填写操作票。不得使用铅笔、红色笔填写，防止执行过程中由于字迹模糊不清或随意涂改，造成操作人员因不能正确判断信息而发生误操作。

## 《安规》对照

　　**Q/GDW 1799.2—2013《国家电网公司电力安全工作规程　线路部分》**

　　**7.2.2**　操作票应用黑色或蓝色钢（水）笔或圆珠笔逐项填写。用计算机开出的操作票应与手写格式票面统一。操作票票面应清楚整洁，不准任意涂改。操作票应填写设备双重名称。操作人和监护人应根据模拟图或接线图核对所填写的操作项目，并分别手工或电子签名。

21

## 案例6　拉开熔断器时熔管与下柱头放电人员触电造成重伤

### 事故经过

　　某供电局按工作计划对10kV某线1号、2号公用变压器更换低压引线，并进行3、4号公用变压器安装低压隔离开关和更换低压引线工作。下午工作完毕后，小刘从变压器台担上攀登至跌开式熔断器下侧衬足间隙。小刘系好安全带后用手合上10kV青城线4号公用变压器C相跌开式熔断器，在合中相跌开式熔断器时，其左手拿住中相跌开式熔断器熔管时与中相跌开式熔断器下桩头放电，发生触电重伤事故。

### 现场目击

▶▶ 某供电局按工作计划对10kV某线1号、2号公用变压器更换低压引线，并进行3、4号公用变压器安装低压隔离开关和更换低压引线工作。

▶▶ 下午工作完毕后，刘某从变压器台担上攀登至跌开式熔断器下侧衬足间隙。

▶▶ 刘某系好安全带后用手合上10kV青城线4号公用变压器C相跌开式熔断器。

▶▶ 在合中相跌开式熔断器时，其左手拿住中相跌开式熔断器熔管时与中相跌开式熔断器下桩头放电，发生触电重伤事故。

## 案例警示

跌落式熔断器是6～35kV配电变压器上使用较广泛的短路保护控制元件，是用以断开变压器的电气设备，可直接用绝缘棒来操作。在更换配电变压器跌落式熔断器熔丝的工作中，为防止带较大负荷拉开跌落式熔断器时熔丝容量不够造成弧光短路，应先将低压刀闸拉开甩掉负荷，再将高压隔离开关或跌落式熔断器拉开。

## 《安规》对照

**Q/GDW 1799.2—2013《国家电网公司电力安全工作规程　线路部分》**

**7.2.6** 更换配电变压器跌落式熔断器熔丝的工作，应先将低压刀闸和高压隔离开关(刀闸)或跌落式熔断器拉开。摘挂跌落式熔断器的熔断管时，应使用绝缘棒，并派专人监护。其他人员不准触及设备。

## 8 邻近带电导线的工作

**案例7** 工作负责人未监护

作业人员与带电导线

未保持最小安全距离而触电

### 事故经过

某供电局安排徐某和孙某带电更换10kV某线24号杆锈蚀拉线，孙某担任小组负责人。徐某在上杆拆除旧抱箍时，孙某正在处理旧拉线的下把，未监护徐某在杆上的位置。徐某在杆上工作时未能与带电导线之间保持最小安全距离，导致触电后跌落至地面摔成重伤。

### 现场目击

▶▶　某供电局安排徐某和孙某带电更换10kV某线24号杆锈蚀拉线，孙某担任小组负责人。

▶▶　徐某在上杆拆除旧抱箍时，孙某正在处理旧拉线的下把，未监护小徐在杆上的位置。

▶▶ 徐某在杆上工作时未能与带电导线之间保持最小安全距离。

▶▶ 导致触电后跌落至地面摔成重伤。

## 案例警示

根据10kV及以下线路的杆塔结构特点，工作人员在带电杆塔上作业时难以控制与带电部位的距离，易发生触电危险。为确保作业人员安全，在充分考虑人体活动裕度条件下，人体任何部位距最下层带电导线垂直距离不准小于《安规》中规定的0.7m的要求。作业时，应有专人监护。

## 《安规》对照

Q/GDW 1799.2—2013《国家电网公司电力安全工作规程 线路部分》

**8.1.2** 在10kV及以下的带电杆塔上进行工作，作业人员距最下层带电导线垂直距离不准小于0.7m。

## 案例8 线路紧线时导线弹跳

## 8名人员触电伤亡

### 事故经过

　　某供电局双龙农电安装队在进行0.22kV低压线路紧线过程中，未采取防止导、地线产生跳动的相关安全措施，导线弹跳到与之交叉跨越带电的10kV龙柴路964号线路柴山2村支路C相上，造成正在拉线的8名民工触电，其中6人死亡、2人重伤。

**现场目击**

▶▶ 某供电局双龙农电安装队在进行0.22kV低压线路紧线。

▶▶ 过程中未采取防止导、地线产生跳动的相关安全措施。

▶▶　导线弹跳到与之交叉跨越带电的10kV龙柴路964号线路柴山2村支路C相上。

▶▶　造成正在拉线的8名民工触电，其中6人死亡、2人重伤。

### 案例警示

　　作业中，由于导、地线展放过程中张力的不均衡会产生振幅较大的跳动，接近或触碰上层带电线路，导致无法满足安全距离的要求，造成作业人员的触电伤害。

### 《安规》对照

　　Q/GDW 1799.2—2013《国家电网公司电力安全工作规程　线路部分》

　　**8.2.3**　在交叉档内松紧、降低或架设导、地线的工作，只有停电检修线路在带电线路下面时才可进行，应采取防止导、地线产生跳动或过牵引而与带电导线接近至表4规定的安全距离以内的措施。

　　停电检修的线路如在另一回线路的上面，而又必须在该线路不停电情况下进行放松或架设导、地线以及更换绝缘子等工作时，应采取安全可靠的措施。安全措施应经工作人员充分讨论后，经工区批准执行。措施应能保证：

　　a）检修线路的导、地线牵引绳索等与带电线路的导线应保持表4规定的安全距离。

　　b）要有防止导、地线脱落、滑跑的后备保护措施。

33

## 9 线路施工

**案例9** 作业人员在1.8米深坑内休息

回落土石将其砸成重伤

### 事故经过

　　某线路队在110kV线路迁改工作中，对新建的1号塔基础开挖时，当坑深挖到1.8m后，挖坑作业人员杨某在坑内休息，不慎被坑口堆积的土石回落砸伤。

## 现场目击

▶▶ 某线路队进行110kV线路迁改工作。

▶▶ 对新建的1号塔基础开挖。

▶▶ 当坑深挖到1.8m后，挖坑作业人员杨某在坑内休息。

▶▶ 不慎被坑口堆积的土石回落砸伤。

## 案例警示

在超过1.5m深的基坑内作业，为防止回落土石伤人，抛土时坑内工作人员应戴安全帽，亦应特别注意基坑塌方对人造成的伤害。作业人员严禁在坑内休息，防止土石回落或基坑坍塌，造成人身伤害。

## 《安规》对照

Q/GDW 1799.2—2013《国家电网公司电力安全工作规程　线路部分》

**9.1.2**　挖坑时，应及时清除坑口附近浮土、石块，坑边禁止外人逗留。在超过1.5m深的基坑内作业时，向坑外抛掷土石应防止土石回落坑内，并做好防止土层塌方的临边防护措施。作业人员不准在坑内休息。

## 10 高处作业

**案例10** 安全带系在未固定的斜材上

斜材脱出致人员跌落受伤

### 事故经过

某电业局送电工程公司承担220kV向苏南、北线开接工程（园湾站出现1～5号塔的组装）。斜材一端已金属冲子穿入联板，工作人员徐某在固定斜材另一端时，将安全带系在了尚未固定好的斜材上。当徐某拉闪扇面时，金属冲子从联板眼孔弹出，致使斜材脱出，徐某从距离地面13m处坠落，侧身坠于地面，造成左胸第三至第九根肋骨骨折。

### 现场目击

▶▶ 某电业局送电工程公司承担220kV向苏南、北线开接工程（园湾站出现1～5号塔的组装）。斜材一端已金属冲子穿入联板。

▶▶ 工作人员徐某在固定斜材另一端时，将安全带系在了尚未固定好的斜材上。

尚未固定好的斜材

▶▶ 当徐某拉闪扇面时，金属冲子从联板眼孔弹出，致使斜材脱出，徐某从距离地面13m处坠落。

▶▶ 徐某侧身坠于地面，造成左胸第三至第九根肋骨骨折。

## 案例警示

现场工作中，往往为工作方便将安全带挂在隔离开关支持绝缘子、瓷横担、未经固定的转动横担、线路支柱绝缘子、避雷器支柱绝缘子等不牢固的构件上，应清楚认识到这种做法的危害性，予以坚决禁止。

## 《安规》对照

Q/GDW 1799.2—2013《国家电网公司电力安全工作规程 线路部分》

**10.9** 安全带的挂钩或绳子应挂在结实牢固的构件或专为挂安全带用的钢丝绳上，并应采用高挂低用的方式。禁止系挂在移动或不牢固的物件上[如隔离开关（刀闸）支持绝缘子、瓷横担、未经固定的转动横担、线路支柱绝缘子、避雷器支柱绝缘子等]。

## 11 起重与运输

**案例11** 负责人违规指挥

无证人员操作吊车致吊车侧翻损毁

### 🔍 事故经过

某市一楼盘工地上，施工负责人张某因吊车司机王某临时有事，指派塔吊操作手吴某操作吊车。吴某误将吊车一支撑脚打在现场供水管道的盖板上，在起吊时，盖板因无法承受重量而断裂，吊车侧翻，造成价值70多万的吊车严重损毁。

## 现场目击

▶▶ 某市一楼盘工地上。

▶▶ 施工负责人张某因吊车司机王某临时有事，指派塔吊操作手吴某操作吊车。

▶▶ 吴某误将吊车一支撑脚打在现场供水管道的盖板上。

▶▶ 在起吊时，盖板因无法承受重量而断裂，吊车侧翻，造成价值70多万的吊车严重损毁。

## 案例警示

　　起重机械是一种操作比较复杂的特种设备，如操作（指挥）不当，将会造成人身伤害事故和设备损坏事故。因此，起重操作（指挥）人员必须经质量技术监督部门的专业培训，并考核合格，取得由国家统一格式的《特种设备作业人员资格证书》后，才能从事相应的作业和管理工作。如无证擅自操作（指挥）起重机械，极易造成事故。

## 《安规》对照

　　Q/GDW 1799.2—2013《国家电网公司电力安全工作规程　线路部分》

　　**11.1.2**　起重设备的操作人员和指挥人员应经专业技术培训，并经实际操作及有关安全规程考试合格、取得合格证后方可独立上岗作业，其合格证种类应与所操作（指挥）的起重机类型相符。起重设备作业人员在作业中应严格执行起重设备的操作规程和有关的安全规章制度。

45

**12** 配电设备上的工作

案例12 配电设备检修未办理工作票

监护不严致操作工触电死亡

🔍 **事故经过**

某供电局安装公司检修班班长安排工作负责人李某带领赵某去处理高压套管渗油缺陷，未办理工作票。两人来到变压器台架旁边，断开跌开式熔断器（跌开式熔断器上侧装有隔离开关）后，李某在下边监护，赵某登上台架对高压侧A相套管进行渗油处理。此时，赵某的熟人路过此地，赵某举起扳手与之打招呼，触碰A相套管上端直接放电，致使赵某从台架上摔下，经抢救无效死亡。

## 现场目击

▶▶ 某供电局安装公司检修班班长安排工作负责人李某带领赵某去处理高压套管渗油缺陷。

▶▶ 未办理工作票。

▶▶ 两人来到变压器台架旁边，断开跌开式熔断器（跌开式熔断器上侧装有隔离开关）后，李某在下边监护，赵某登上台架对高压侧A相套管进行渗油处理。

▶▶ 此时，赵某的熟人路过此地，赵某举起扳手与之打招呼，触碰A相套管上端直接放电，致使赵某从台架上摔下，经抢救无效死亡。

## 案例警示

配电设备[包括高压配电室、箱式变电站、配电变压器合架、低压配电室（箱）、环网柜、电缆分支箱]停电仍属于高压设备停电，需要做好安全措施，所以应使用第一种工作票。

高压线路不停电检修时，工作负责人应在工作前向全体工作班成员讲明高压线路带电，明确工作范围、作业方法、注意事项，并加强监护。防止工作人员临近带电设备，造成人身伤害。

## 《安规》对照

**Q/GDW 1799.2—2013《国家电网公司电力安全工作规程 线路部分》**

**12.1.1** 配电设备[包括 高压配电室、箱式变电站、配电变压器台架、低压配电室（箱）、环网柜、电缆分支箱]停电检修时，应使用第一种工作票；同一天内几处高压配电室、箱式变电站、配电变压器台架进行同一类型工作，可使用一张工作票。高压线路不停电时，工作负责人应向全体人员说明线路上有电，并加强监护。

49

## 案例13　无人监护也未装接地线

### 违规检修引发触电身亡

### 事故经过

　　某供电所进行配电变压器停电检修工作。工作负责人带领小李到达台区后发现配电室门锁换掉了，工作负责人回所拿钥匙。

　　李某在无人监护，未拉开低压侧开关，也未分别在台区变压器高、低压验电装设接地线的情况下，登上台区变压器展开检修工作。期间有一用户因停电启动了自备发电机（该用户没有安装双投隔离开关，只是使用了胶壳单极隔离开关），用户反送电造成小李触电，经抢救无效死亡。

50

## 🔍 现场目击

▶▶ 某供电所进行配电变压器停电检修工作。工作负责人带领李某到达台区后发现配电室门锁换掉了，工作负责人回所拿钥匙。

▶▶ 李某在无人监护，未拉开低压侧开关，也未分别在台区变压器高、低压验电装设接地线的情况下，登上台区变压器展开检修工作。

▶▶ 期间有一用户因停电启动了自备发电机（该用户没有安装双投隔离开关，只是使用了胶壳单极隔离开关）。

▶▶ 用户反送电造成小李触电，经抢救无效死亡。

## 案例警示

在进行配电设备停电作业时，为了保证作业人员安全，必须断开线路中所有可能送电到工作地点的各侧电源开关，防止发生误送电造成的电源侵入和用户向线路反送电，导致作业人员触电。

工作地点的两侧都应验电、挂接地线后，方能开始工作。

## 《安规》对照

Q/GDW 1799.2—2013《国家电网公司电力安全工作规程 线路部分》

**12.1.5** 进行配电设备停电作业前，应断开可能送电到待检修设备、配电变压器各侧的所有线路（包括用户线路）断路器(开关)、隔离开关(刀闸)和熔断器，并验电、接地后，才能进行工作。

## 13 带电作业

**案例14** 员工身着不合格屏蔽服

带电操作时触电身亡

### 🔍 事故经过

　　某供电公司带电班在10kV某线某分支线上，更换耐张绝缘子，用绝缘三角板等电位进行。闫某负责等电位操作（身穿某厂生产的全新屏蔽服），在组装好三角板后，闫某进入等电位。当闫某准备取出绝缘子弹簧销子时，由于三角板晃动，闫某的右手不慎碰到未遮盖的靠横担侧绝缘子铁帽，右胸部碰触导线侧绝缘子与耐张线夹连接的螺栓，造成电流经胸部及右手接地，后抢救无效死亡。

## 现场目击

▶▶ 某供电公司带电班在10kV某线某分支线上，更换耐张绝缘子，用绝缘三角板等电位进行。

▶▶ 闫某负责等电位操作（身穿某厂生产的全新屏蔽服）。

身穿某厂生产的全新屏蔽服

▶▶ 在组装好三角板后，闫某进入等电位。

▶▶ 当闫某准备取出绝缘子弹簧销子时，由于三角板晃动，闫某的右手不慎碰到未遮盖的靠横担侧绝缘子铁帽，右胸部碰触导线侧绝缘子与耐张线夹连接的螺栓，造成电流经胸部及右手接地，经抢救无效死亡。

## 案例警示

（1）经调查，闫某所穿的屏蔽服未进行试验和未经本单位批准。鉴于带电作业直接或间接接触设备的高电压，其安全措施必须严密、可靠。

（2）带电新项目和新工具的出台，首先要经过模拟实际情况的各种性能试验，取得相关数据，作出符合实际的科学评价，确认其安全可靠程度。然后在模拟和试验的基础上，编订操作工艺方案及相应的安全措施，经由具有丰富带电作业经验的人员讨论、补充完善后，交由本单位审查批准，才可执行使用（或试用）。

（3）对于比较复杂、难度较大的带电作业新项目和研制的新工具必须进行科学试验，确认安全可靠，编出操作工艺方案和安全措施，并经本单位批准后方可进行和使用。

## 《安规》对照

**Q/GDW 1799.2—2013《国家电网公司电力安全工作规程　线路部分》**

**13.1.3**　对于比较复杂、难度较大的带电作业新项目和研制的新工具，应进行科学试验，确认安全可靠，编出操作工艺方案和安全措施，并经本单位批准后，方可进行和使用。

**13.3.2**　等电位作业人员应在衣服外面穿合格的全套屏蔽服（包括帽、衣裤、手套、袜和鞋，750kV、1000kV等电位作业人员还应戴面罩），且各部分应连接良好。屏蔽服内还应穿着阻燃内衣。

禁止通过屏蔽服断、接接地电流、空载线路和耦合电容器的电容电流。

**13.11.3.5**　整套屏蔽服装各最远端点之间的电阻值均不得大于20Ω。

57

## 14 施工机具和安全工器具的使用、保管、检查和试验

**案例15** 施工工器具管理不严

现场取换工器具延误送电时间

### 🔍 事故经过

某供电局线路班平时对施工机具保管不严，工器具在库房四处堆放，分不清工器具的好坏。某年某月某日，某矿山进行爆破作业，飞起的乱石把该局的35kV某线18～19号杆三相导线砸坏。该局线路班刘某接到抢修任务后，立即组织人员清点工器具，赶往事故现场。在现场使用工器具时才发现带来的工器具已经损坏，于是又回到库房拿工具，延误了恢复送电的时间。

## 现场目击

▶▶　某供电局线路班平时对施工机具保管不严，工器具在库房四处堆放，分不清工器具的好坏。

▶▶　某年某月某日，某矿山进行爆破作业，飞起的乱石把该局的35kV某线18～19号杆三相导线砸坏。

▶▶ 该局线路班刘某接到抢修任务后，立即组织人员清点工器具，赶往事故现场。

▶▶ 在现场使用工器具时才发现带来的工器具已经损坏，于是又回到库房拿工具，延误了恢复送电的时间。

## 案例警示

　　施工机具（包括索具、承重机具、牵引机具及各种连接金具等）应存放在专用库房，便于管理，维护和取用。专用库房应干燥、通风，防止施工机具因受潮、霉变或氧化锈蚀影响其使用性能，造成施工安全隐患。

　　施工机具是施工作业中重要的工具，管理人员应按照施工机具管理规定、保养规范、维护制度定期进行检查、维护、保养，防止出现锈蚀、霉变、卡涩等情况，保证其良好的使用性能。

　　为防止施工机具中的转动和传动部分出现锈蚀、卡涩、转动失灵等现象，应定期做润滑保养。

## 《安规》对照

**Q/GDW 1799.2—2013《国家电网公司电力安全工作规程　线路部分》**

**14.3.1**　施工机具应有专用库房存放，库房要经常保持干燥、通风。

**14.3.2**　施工机具应定期进行检查、维护、保养。施工机具的转动和传动部分应保持其润滑。

**14.3.3**　对不合格或应报废的机具应及时清理，不准与合格的混放。

**14.3.4**　起重机具的检查、试验要求应满足附录N的规定。

## 15 电力电缆工作

**案例16** 线路标示牌更改未申请

现场作业人员未确认无电致人死亡

### 事故经过

某热电厂110kV某变电站10kV电缆发生故障，导致断路器速断保护动作跳闸。检修人陈某、李某和谷某到达现场，检查发现有两根电缆的绝缘已受到不同程度的破坏，其中一根电缆为关南Ⅰ线，另一根为关南Ⅱ线，调度室显示为关南Ⅰ线出现故障。在没有使用绝缘刺锥确认无电的情况下，李某、谷某即开始对此条电缆进行故障处理。结果造成李某在剥除电缆时触电身亡。

## 现场目击

▶▶ 某热电厂110kV某变电站10kV电缆发生故障。

▶▶ 导致断路器速断保护动作跳闸。

▶▶ 检修人陈某、李某和谷某到达现场，检查发现有两根电缆的绝缘已受到不同程度的破坏，其中一根电缆为关南Ⅰ线，另一根为关南Ⅱ线。

▶▶ 调度室显示为关南Ⅰ线出现故障。在没有使用绝缘刺锥确认无电的情况下，李某、谷某即开始对此条电缆进行故障处理。结果造成李某在剥除电缆时触电身亡。

## 案例警示

经调查发现，某热电厂此两条线路标示牌两天前已做更改，但并未向调控中心申请，导致调令与现场实际相反，从而引起触电事故。

电力电缆设备的标志牌要与电网系统图、电缆走向图和电缆资料的名称一致，对于调度单位正确调度、运行单位正确操作、维护单位正确检修至关重要，否则，可能产生调度单位误调度、运行单位误操作、维护单位误判断，造成人身伤害、设备损坏等后果。

## 《安规》对照

Q/GDW 1799.2—2013《国家电网公司电力安全工作规程　线路部分》

**15.1.3**　电力电缆设备的标志牌要与电网系统图、电缆走向图和电缆资料的名称一致。

**15.1.4**　变、配电站的钥匙与电力电缆附属设施的钥匙应专人严格保管，使用时要登记。

## 案例17 电缆沟槽施工土石塌落

## 施工人员被埋

### 🔍 事故经过

　　某变电站紧线电缆施工时，作业人员黄某在站外进行沟槽开挖，当挖到1.6m时，沟槽两边所堆土石塌下，黄某大半身体被埋在土里。其他工作人员将他拖出沟槽，下半身多处软组织擦伤。

## 现场目击

▶▶ 某变电站紧线电缆施工时，作业人员黄某在站外进行沟槽开挖。

▶▶ 当挖到1.6m时，沟槽两边所堆土石塌下。

67

▶▶ 黄某大半身体被埋在土里。

▶▶ 其他工作人员将他拖出沟槽，下半身多处软组织擦伤。

## 案例警示

（1）挖开沟槽时，路面铺设材料和泥土应分别堆置，便于泥土回填及废料清理。

（2）路面铺设材料和泥土堆置处与沟槽间应保留足够的通道，便于施工人员正常行走，并防止堆置物直接或因碰撞滑落到沟道内，对施工人员造成伤害。

（3）工具材料等器物应放置在平坦地面，不得放置在堆置物堆起的斜坡上，防止滑入沟槽伤害施工人员或损伤电缆。

## 《安规》对照

Q/GDW 1799.2—2013《国家电网公司电力安全工作规程　线路部分》

**15.2.1.6**　沟（槽）开挖时，应将路面铺设材料和泥土分别堆置，堆置处和沟（槽）之间应保留通道供施工人员正常行走。在堆置物堆起的斜坡上不准放置工具材料等器物。

**15.2.1.7**　挖到电缆保护板后，应由有经验的人员在场指导，方可继续进行。

## 案例18 工作现场吸烟

## 引燃杂物

### 事故经过

　　某局检修人员李某所在班组对充油电缆进行施工。完工后，李某等人准备离开检修现场。突然地面燃起了火苗。事后调查发现，李某在工作现场抽烟，引燃地上吸收了电缆油的包装纸等杂物。

## 现场目击

▶▶ 某局检修人员李某所在班组对充油电缆进行施工。

▶▶ 完工后，李某等人准备离开检修现场。

▶▶　突然地面燃起了火苗。

▶▶　事后调查发现，李某在工作现场抽烟，引燃地上吸收了电缆油的包装纸等杂物。

## 案例警示

充油电缆的主要特点是通过一套包括电缆在内的装置（如压力箱、重力箱等），以补充浸渍剂（如电缆油）来提高电缆的耐压强度。

充油电缆施工中电缆油散落地面容易导致工作人员或车辆滑倒，特殊情况下还可能引发火灾，所以要做好电缆油的收集工作，并及时对散落地面上的电缆油进行处理。当少量油洒落时，可以用蘸酒精的棉纱布进行擦拭；当洒落油较多时，需要用黄沙或砂土对其进行覆盖。

## 《安规》对照

Q/GDW 1799.2—2013《国家电网公司电力安全工作规程　线路部分》

**15.2.1.13**　充油电缆施工应做好电缆油的收集工作，对散落在地面上的电缆油要立即覆上黄沙或砂土，及时清除。

## 案例19  跌落式熔断器上桩头带电触碰形成的电弧将人员灼伤

### 🔍 事故经过

某化工厂检修二级中控配电室低压电容柜。电位车间维修班维护电工鄢某工作时操作不当，扳手与相邻的跌落式熔断器上桩头搭接引起短路，形成的电弧将小鄢的双手、脸、颈脖部等处大面积严重灼伤。

## 现场目击

▶▶ 某化工厂检修二级中控配电室低压电容柜。

▶▶ 电位车间维修班维护电工鄂某工作时操作不当。

▶▶ 扳手与相邻的跌落式熔断器上桩头搭接引起短路。

▶▶ 形成的电弧将鄢某的双手、脸、颈脖部等处大面积严重灼伤。

## 案例警示

在10kV跌落式熔断器上桩头有电的情况下，如果在熔断器下桩头新装、调换电缆尾线或吊装、搭接电缆终端头、工作中容易与上桩头带电部分的安全距离不足导致人身触电，所以在未采取有效安全措施前，不准进行。

如因某些原因必须进行，则工作前应加装专用绝缘罩进行上、下桩头隔离，并在下桩头加装接地线，防止因安全距离不足发生危险。同时工作人员须站在相对较低的位置上并设专人监护，防止工作中动作幅度过大超过跌落式熔断器下桩头，发生触电伤害。

## 《安规》对照

**Q/GDW 1799.2—2013《国家电网公司电力安全工作规程　线路部分》**

**15.2.1.14** 在10kV跌落式熔断器与10kV电缆头之间，宜加装过渡连接装置，使工作时能与跌落式熔断器上桩头有电部分保持安全距离。在10kV跌落式熔断器上桩头有电的情况下，未采取安全措施前，不准在熔断器下桩头新装、调换电缆尾线或吊装、搭接电缆终端头。如必须进行上述工作，则应采用专用绝缘罩隔离，在下桩头加装接地线。作业人员站在低位，伸手不准超过熔断器下桩头，并设专人监护。

上述加绝缘罩工作应使用绝缘工具。雨天禁止进行以上工作。

**案例20** 电缆头未充分放电

剩余电荷触电致人死亡

### 事故经过

某变电站在Ⅱ号主变压器停电操作过程中，操作人朱某在验明3511号进线电缆头上无电后，未用放电棒对电缆头进行放电。朱某随即进入电缆仓爬上梯子准备在电缆头上装设接地线。当朱某右手掌触碰到3511号电缆头导体处时，左后大腿不慎碰到铁网门上，发生电缆剩余电荷触电，经抢救无效死亡。

## 现场目击

▶▶ 某变电站在Ⅱ号主变压器停电操作过程中。

▶▶ 操作人朱某在验明3511号进线电缆头上无电后，未用放电棒对电缆头进行放电。

▶▶ 朱某随即进入电缆仓爬上梯子准备在电缆头上装设接地线。

▶▶ 当朱某右手掌触碰到3511号电缆头导体处时，左后大腿不慎碰到铁网门上，发生电缆剩余电荷触电，经抢救无效死亡。

## 案例警示

电力电缆属于容性设备，试验之前可能积存一定的电荷，如果试验之前不对电缆进行充分放电，不仅影响测量数据的准确性，还可能会导致试验人员触电或试验仪器的损坏。所以在电缆耐压试验前，要对电缆进行多次、长时间的放电。

## 《安规》对照

Q/GDW 1799.2—2013《国家电网公司电力安全工作规程　线路部分》

**15.2.2.3**　电缆耐压试验前，应先对设备充分放电。

**15.2.2.2**　电缆耐压试验前，加压端应做好安全措施，防止人员误入试验场所。另一端应设置围栏并挂上警告标示牌。如另一端是上杆的或是锯断电缆处，应派人看守。

## 案例21　电缆外皮受损冒烟

## 人员靠近观察发生触电

### 事故经过

　　某供电局接到用户事故报修，某小区0.4kV电缆缺相。抢修人员到达现场巡视。

　　抢修人员发现有施工单位在电缆经过的地方打地锚，认为应该伤及电缆，于是准备挖开看看。抢修人员挖开后发现电缆外皮受损冒烟，为确定受损程度，抢修人员靠近观察电缆时与电缆发生接触，电缆发生短路，检查人员被烧伤。

## 现场目击

▶▶ 某供电局接到用户事故报修，某小区0.4kV电缆缺相。

▶▶ 抢修人员到达现场巡视。

▶▶ 抢修人员发现有施工单位在电缆经过的地方打地锚，认为应该伤及电缆，于是准备挖开看看。

▶▶ 抢修人员挖开后发现电缆外皮受损冒烟，为确定受损程度，抢修人员靠近观察电缆时与电缆发生接触，电缆发生短路，检查人员被烧伤。

84

## 案例警示

电缆故障时常用测声法进行故障点的查找。所谓测声法就是根据故障电缆放电的声音进行查找，该方法对于高压电缆芯线对绝缘层闪络放电较为有效。

试验中所用的电压较高，所以不能直接用手触摸电缆外皮或冒烟小洞，以免触电、灼伤。

## 《安规》对照

Q/GDW 1799.2—2013《国家电网公司电力安全工作规程　线路部分》

**15.2.2.6** 电缆试验结束，应对被试电缆进行充分放电，并在被试电缆上加装临时接地线，待电缆尾线接通后才可拆除。

**15.2.2.7** 电缆故障声测定点时，禁止直接用手触摸电缆外皮或冒烟小洞。

# 16 一般安全措施

## 案例22　灭火器未进行维护检查
## 火灾现场无法灭火造成损失

### 事故经过

　　某公司在施工过程中使用焊机焊接工件。工作时，工作人员范某不慎将火花溅到附近积有漆膜的木板上引发火灾，范某立即使用灭火器进行灭火，谁知该灭火器未进行维护与检查，压力不足，无法进行灭火。火势迅速蔓延，给公司造成了巨大的经济损失。

## 🔍 现场目击

▶▶ 某公司在施工过程中使用焊机焊接工件。

▶▶ 工作时，工作人员范某不慎将火花溅到附近积有漆膜的木板上引发火灾。

▶▶ 范某立即使用灭火器进行灭火，谁知该灭火器未进行维护与检查，压力不足，无法进行灭火。

**未进行维护与检查**

**灭火器压力不足**
**无法进行灭火**

▶▶ 火势迅速蔓延，给公司造成了巨大的经济损失。

## 案例警示

　　消防器材的配备、使用、维护，消防通道的配置应符合《电力设备典型消防规程》的要求。消防器材和设施应选用经国家公安部门批准的定点厂家生产的合格产品，并按周期进行检查维护、测试，时刻保持完好状态。消防设施不得挪作他用。

## 《安规》对照

　　Q/GDW 1799.2—2013《国家电网公司电力安全工作规程　线路部分》

　　**16.3.3**　遇有电气设备着火时，应立即将有关设备的电源切断。然后进行救火。消防器材的配备、使用、维护，消防通道的配置等应遵守DL5027的规定。

　　**16.6.10.5**　动火作业应有专人监护，动火作业前应清除动火现场及周围的易燃物品，或采取其他有效的安全防火措施，配备足够适用的消防器材。

## 案例23　射钉枪未按规定扣双保险

## 工人将钢钉射进左腿造成重伤

### 事故经过

在某工地工作的刘某在使用射钉枪作业，刘某未严格遵守射钉枪使用规定，射钉枪有双保险，但刘某仅扣上了一个保险就开始干活。工作中刘某不慎将一个4cm左右的钢钉射进了自己的左腿中，造成重伤。

## 现场目击

▶▶ 在某工地做装修工作的刘某在使用射钉枪作业。

▶▶ 刘某未严格遵守射钉枪使用规定。

▶▶ 射钉枪有双保险，但刘某仅扣上了一个保险就开始干活。

▶▶ 工作中刘某不慎将一个4cm左右的钢钉射进了自己的左腿中，造成重伤。

## 案例警示

　　射钉枪、压接枪等爆发性工具，具有很强的破坏性和危险性，使用中要注意安全，确保不伤及人身。对此类爆发性工件的管理和使用必须严格按照说明书执行，另外，还必须遵守GB/T 3787—2006《手持式电动工具的管理、使用、检查和维修安全技术规程》和GB 6722—2014《爆破安全规程》等相关规定。

## 《安规》对照

　　Q/GDW 1799.2—2013《国家电网公司电力安全工作规程　线路部分》

　　**16.4.1.7**　使用射钉枪、压接枪等爆发性工具时，除严格遵守说明书的规定外，还应遵守爆破的有关规定。

## 案例24 水泵未接地也无触电保护器

## 电机漏电致人死亡

### 事故经过

　　某电力建设公司农场司机李某到汽车队刷车台刷车。而水泵电机低压电气设备又没有加装触电保安器，设备外壳也未进行可靠的保护接地，当李某冲刷10t东风半挂车后轮部分时，因水泵电机漏电，造成李某触电死亡。

## 现场目击

▶▶ 某电力建设公司农场司机李某到汽车队刷车台刷车。

▶▶ 水泵电机低压电气设备又没有加装触电保安器，设备外壳也未进行可靠的保护接地。

95

▶▶ 当李某冲刷10t东风半挂车后轮部分时。

水泵电机低压电气设备
没有加装触电保安器

外壳未进行可靠的保护接地

▶▶ 因水泵电机漏电，造成李某触电死亡。

## 案例警示

　　运行中的电气设备金属外壳会产生感应电荷，或因电气部分绝缘老化、不良或损坏时，也会使电气设备的金属外壳带电。如果金属外壳没有良好的接地装置，人员触及金属外壳时，就会造成触电伤害。因此，所有电气设备的金属外壳均应装设良好的接地装置，并在使用中不准将接地装置拆除或对其进行任何工作。

## 《安规》对照

　　Q/GDW 1799.2—2013《国家电网公司电力安全工作规程　线路部分》

　　**16.3.1**　所有电气设备的金属外壳均应有良好的接地装置。使用中不准将接地装置拆除或对其进行任何工作。

　　**16.3.2**　手持电动工器具如有绝缘损坏、电源线护套破裂、保护线脱落、插头插座裂开或有损于安全的机械损伤等故障时，应立即进行修理，在未修复前，不准继续使用。

## 案例25　氧气瓶与乙炔瓶距离过近

## 违规操作引起火灾

### 🔍 事故经过

某工作现场，氧焊工人操作失误，导致紧靠在一起的乙炔瓶和氧气瓶同时着火。幸亏消防官兵及时赶来灭火，才避免了事故进一步扩大。事后调查，起因是一名气焊工把燃烧的焊枪随手扔在一边，泥土把焊枪嘴堵塞，燃烧的气体从焊枪口回流导致事故的发生。按操作规定，氧气瓶与乙炔瓶之间的距离不得小于5m，而现场两者是放在一起的，极易引起火灾，同时该工人在气焊时严重违反了操作规程。

## 现场目击

▶▶ 某工作现场，氧焊工人操作失误。

▶▶ 导致紧靠在一起的乙炔瓶和氧气瓶同时着火。

▶▶ 起因是一名气焊工把燃烧的焊枪随手扔在一边，泥土把焊枪嘴堵塞，燃烧的气体从焊枪口回流导致事故的发生。

燃烧的气体从焊枪口回流导致事故的发生

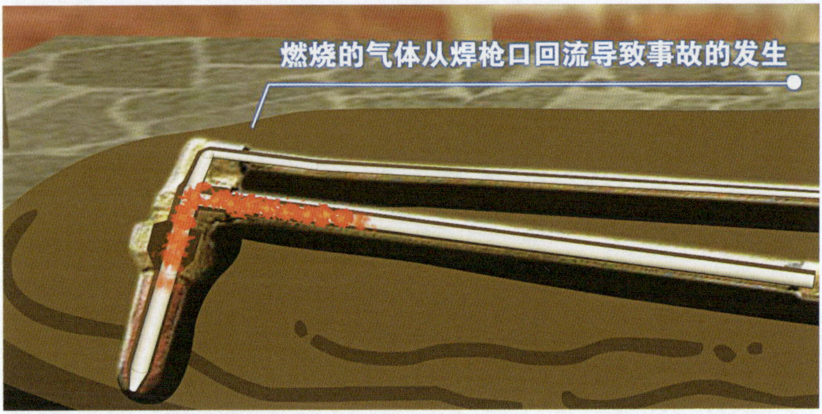

▶▶ 按操作规定，氧气瓶与乙炔瓶之间的距离不得小于5m，而现场两者是放在一起的，极易引起火灾，同时该工人在气焊时严重违反了操作规程。

氧气瓶与乙炔瓶之间的距离不得小于5m

氧气

乙炔

**案例警示**

　　为防止氧气、乙炔瓶气体泄漏发生意外燃烧或爆炸，应将两者的距离保持在5m以外。如果在气瓶附近进行锻造、焊接等明火工作，或者吸烟，可能会引起气瓶泄露的可燃性气体发生燃烧或爆炸，并引起连锁反应，造成严重后果。故气瓶应远离明火10m以外，确保安全。

**《安规》对照**

　　Q/GDW 1799.2—2013《国家电网公司电力安全工作规程　线路部分》

　　**16.5.11**　使用中的氧气瓶和乙炔气瓶应垂直固定放置，氧气瓶和乙炔气瓶的距离不准小于5m，气瓶的放置地点不准靠近热源，应距明火10m以外。

案例26　抢修电缆仅办理动火工作票

未办理事故抢修单属于违章作业

### 事故经过

　　某供电局配网班抢修更换某变压器台区低压电缆。由于低压电缆制作需要动火，该班组施工前办理了一张二级动火工作票。下午15时左右，该局安监人员来现场检查时发现该班组只有动火工作票，并没有事故抢修单，属于无票作业，严重违章，之后该局对该班组进行了处罚和教育。

## 现场目击

▶▶ 某供电局配网班抢修更换某变压器台区低压电缆。由于低压电缆制作需要动火，该班组施工前办理了一张二级动火工作票。

▶▶ 下午15时左右，该局安监人员来现场检查。

▶▶ 检查发现该班组只有动火工作票，并没有事故抢修单，属于无票作业，严重违章。

▶▶ 之后该局对该班组进行了处罚和教育。

## 案例警示

　　动火工作票不是孤立存在的，而是当某项检修工作内容涉及动火工作时才开具相应动火票，并针对工作中防火、防爆做危险因素分析并制定相应的安全防范措施，满足动火工作中防火、防爆的需求。因此，动火工作票不能代替设备停送电手续或检修工作票、工作任务单和事故紧急抢修单。应在动火工作票上标注对应检修工作票、工作任务单和事故抢修单的编号，便于核对查找，避免错误执行。

## 《安规》对照

　　Q/GDW 1799.2—2013《国家电网公司电力安全工作规程　线路部分》

　　**16.6.5**　动火工作票不准代替设备停复役手续或检修工作票、工作任务单和事故紧急抢修单。并应在动火工作票上注明检修工作票、工作任务单和事故紧急抢修单的编号。

# 第二部分　配电部分

**1** 总则

（略）

**2** 配电作业基本条件

（略）

**③ 保证安全的组织措施**

**案例1** 工作负责人未在现场监护

消缺工作时人员触电坠落

**事故经过**

某供电局10kV高桥线911断路器过流保护动作跳闸，重合不成功。经该局线路班事故巡线时发现10kV高桥线1号杆支线引流线三相全断，2号杆（同杆架设的10kV高化线921号线路）中相瓷横担绑扎线脱落。4月22日线路班进行消缺工作时工作负责人武某因私事离开，令汪某、周某负责处理相关工作。周某在穿越10kV高化线时，由于带电线路对其放电，从12m左右处坠落至地面，造成重伤。

## 现场目击

▶▶ 某供电局10kV高桥线911断路器过流保护动作跳闸，重合不成功。

▶▶ 经该局线路班事故巡线时发现10kV高桥线1号杆支线引流线三相全断。

▶▶ 2号杆（同杆架设的10kV高化线921号线路）中相瓷横担绑扎线脱落。

▶▶ 线路班进行消缺工作时工作负责人武某因私事离开，令汪某、周某负责处理相关工作。周某在穿越10kV高化线时，由于带电线路对其放电，从12m左右处坠落至地面，造成重伤。

## 案例警示

工作票签发人是填写和发出在电力线路上进行工作的书面命令的签发人，安全责任重大，要对工作的必要性和安全性、工作票上所填安全措施是否正确完备、所派工作负责人和工作班成员是否适当或充足等全面负责。

由于在高处移动作业、同杆架设的部分线路停电检修作业、邻近或交叉带电线路的停电检修作业、带电作业、起重作业等工作中，均存在各类较大的安全风险。若存在作业人员操作流程及方法不正确、检查不到位、安全措施执行不到位等情况，可能发生人身高处坠落、触电、机械伤害、物体打击、误入带电线路等人身和设备事故。因此，工作负责人、专职监护人应始终在工作现场认真监护，及时纠正不安全的行为。

## 《安规》对照

**《国家电网公司电力安全工作规程　配电部分（试行）》**

**3.2.2**　现场勘察应由工作票签发人或工作负责人组织，工作负责人、设备运维管理单位（用户单位）和检修（施工）单位相关人员参加。对涉及多专业、多部门、多单位的作业项目，应由项目主管部门、单位组织相关人员共同参与。

**3.5.2**　工作负责人、专责监护人应始终在工作现场。

案例2　**线路停电检修约时停送电**

**造成一人重伤一人轻伤**

### 事故经过

某线路停电检修，拆除五一路1号杆上隔离开关，安装一组跌落式熔断器。工作人员约定的停电时间为上午9~10时，到点送电。结果工作至上午10时后，原定送电时间已到，但工作尚未结束，变电人员就对线路送电，造成一人重伤、一人轻伤。

112

## 现场目击

▶▶ 某线路停电检修，拆除五一路1号杆上隔离开关，安装一组跌落式熔断器。

▶▶ 工作人员约定停电时间上午9～10时，到点送电。

113

▶▶ 结果工作至上午10时后，原定送电时间已到，但工作尚未结束，变电人员就对线路送电。

▶▶ 造成一人重伤、一人轻伤。

## 案例警示

（1）高压电气设备的操作必须按照统一调度、分级管理的原则。如果不按照调控中心命令执行，可能发生误操作事故或影响系统的可靠供电。尤其是双电源输电线路停、送电，涉及两个单位的操作，必须有统一的指挥，否则很可能发生误操作事故。因此，线路的停、送电均应严格按照值班调控人员或线路工作许可人的指令执行。

（2）约时送电是指不履行工作终结手续，值班调控人员按预先约定的送电时间下令恢复送电，这种做法很不安全。由于工作中可能发现新问题，或由于某些原因使工作任务不能在预定时间内完成，如果调控人员按预定的时间恢复送电，也可能造成人身触电事故。因此《安规》规定禁止约时停、送电。

## 《安规》对照

### 《国家电网公司电力安全工作规程　配电部分（试行）》

**3.4.1** 各工作许可人应在完成工作票所列由其负责的停电和装设接地线等安全措施后，方可发出许可工作的命令。

**3.4.5** 带电作业需要停用重合闸（含已处于停用状态的重合闸），应向调控人员申请并履行工作许可手续。

**3.4.11** 禁止约时停、送电。

④ 保障安全的技术措施

**案例3** 停电作业未对可能送电线路

采取安全措施

用户反送电造成人员触电

### 🔍 事故经过

某供电所进行0.4kV某线路3号杆绝缘子更换工作。工作负责人带领检修人员小王在2号杆验明无电后装设低压接地线1组，小王在工作负责人监护下登上3号杆工作。因客户启用自备发电机（使用单极胶壳刀闸），造成反送电，致使王某触电死亡。

## 现场目击

▶▶　某供电所进行0.4kV某线路3号杆绝缘子更换工作。

　　▶▶　工作负责人带领检修人员王某在2号杆验明无电后装设低压接地线1组，王某在工作负责人监护下登上3号杆工作。

▶▶ 因客户启用自备发电机（使用单极胶壳刀闸），造成反送电。

▶▶ 致使王某触电死亡。

## 案例警示

　　为了保障线路各工作班组在工作地段作业人员的人身安全，应将工作地段各端和有可能送电到停电线路工作地段的分支线（包括用户）停电、验电，挂接工作接地线。工作接地线不能相互借用。

## 《安规》对照

**《国家电网公司电力安全工作规程　配电部分（试行）》**

　　**4.4.1**　当验明确已无电压后，应立即将检修的高压配电线路和设备接地并三相短路，工作地段各端和工作地段内有可能反送电的各分支线都应接地。

　　装设接地线是为了保证线路作业人员始终处于接地线保护之中，防止线路意外来电或感应电压造成人身伤害。

**119**

## 案例4　未戴绝缘手套拆除接地线

## 　　　　感应电压放电致人烧伤

### 事故经过

　　某送电工区开展同塔架设的330kV下层某线路检修工作。杨某在10号塔横担上装设接地线时，按照规定的程序在挂好一相接地线后，发现接地线的接地端螺栓松动、连接不良，于是在未戴绝缘手套的情况下擅自用手将已挂好的接地线接地端拆下，此时线路的感应电压经接地线对杨某的双手、腿部放电，导致双手、腿部被烧伤。

## 现场目击

▶▶ 某送电工区开展同塔架设的330kV下层某线路检修工作。

▶▶ 杨某在10号塔横担上装设接地线时，按照规定的程序在挂好一相接地线后，发现接地线的接地端螺栓松动连接不良。

▶▶ 于是在未戴绝缘手套的情况下擅自用手将已挂好的接地线接地端拆下。

▶▶ 此时线路的感应电压经接地线对杨某的双手、腿部放电，导致双手、腿部被烧伤。

## 案例警示

装、拆接地线时应使用合格的绝缘棒、绝缘绳和绝缘手套。人体不准碰触接地线引线和未经接地的导线，防止触电伤人。

## 《安规》对照

《国家电网公司电力安全工作规程　配电部分（试行）》

**4.4.8** 装设、拆除接地线均应使用绝缘棒并戴绝缘手套，人体不得碰触接地线或未接地的导线。

123

**5** 运行和维护

**案例5** 进入气罐内未事先通风

SF$_6$气体中毒致人死亡

### 事故经过

　　某电子公司工程师王某在维修机械时，一个零件掉落到电子加速器的气罐里，王某没有用检漏仪测量气罐内SF$_6$气体含量是否合格，就单独下去捡零件，下去后立即昏倒，经医院抢救无效死亡。

## 现场目击

▶▶ 某电子公司工程师王某在维修机械时，一个零件掉落到电子加速器的气罐里。

▶▶ 王某没有用检漏仪测量气罐内$SF_6$气体含量是否合格。

▶▶ 就单独下去捡零件。

▶▶ 下去后立即昏倒，经医院抢救无效死亡。

## 案例警示

SF$_6$设备在工作中可能发生泄漏，入口处若无SF$_6$气体含量显示器，工作人员不能及时了解室内SF$_6$气体泄漏情况，为保证安全，应先通风15min，保证室内空气中SF$_6$等气体的含量降低到安全水平。为确保安全，还应用检漏仪测量，再次确认室内空气中SF$_6$气体含量合格。

## 《安规》对照

《国家电网公司电力安全工作规程 配电部分（试行）》

**5.1.11** 进入SF$_6$配电装置室，应先通风。

**案例6** 巡线时涉险渡河

作业人员因抽筋溺亡

**事故经过**

　　某供电局线路班进行110kV某线事故巡查。赵某巡查51～59号杆，当他巡查至56号杆途中，被一条小河拦住去路。赵某认为绕过小河太浪费时间了，决定游过去。在渡河过程中，赵某因小腿抽筋溺水死亡。

## 现场目击

▶▶ 某供电局线路班进行110kV某线事故巡查。

▶▶ 赵某巡查51～59号杆，当他巡查至56号杆途中，被一条小河拦住去路。

▶▶ 赵某认为绕过小河太浪费时间了，决定游过去。

▶▶ 在渡河过程中，赵某因小腿抽筋溺水死亡。

## 案例警示

　　巡视人员要根据现场的实际情况选择合理路线，防止人身受到伤害。巡线时禁止涉渡，防止溺水发生。

## 《安规》对照

**《国家电网公司电力安全工作规程　配电部分（试行）》**

　　**5.1.4**　大风天气巡线，应沿线路上风侧前进，以免触及断落的导线。事故巡视应始终认为线路带电，保持安全距离。夜间巡线，应沿线路外侧进行。

　　巡线时禁止涉渡。

## 6　架空配电线路工作

**案例7**　基础浇筑时未设坑盖和遮栏

儿童玩耍经过时跌落摔伤

### 事故经过

某供电局10kV城网改造，在对10kV某线10号杆进行基础浇筑时，负责人马某未安排人员装设坑盖或可靠遮栏。晚上8时左右，两名儿童在打闹玩耍中刚好经过基础所在地，其中一人不慎落入坑内摔伤。

### 现场目击

▶▶ 某供电局10kV城网改造，在对10kV某线10号杆进行基础浇筑。

▶▶ 负责人马某未安排人员装设坑盖或可靠遮栏。

▶▶ 晚上8时左右，两名儿童在打闹玩耍中刚好经过基础所在地。

▶▶ 其中一人不慎落入坑内摔伤。

## 案例警示

基坑周围应设置有效的警示围栏，并加挂警告标示牌。

## 《安规》对照

**《国家电网公司电力安全工作规程 配电部分（试行）》**

**6.1.6** 在居民区及交通道路附近开挖的基坑，应设坑盖或可靠遮栏，加挂警告标示牌，夜间挂红灯。

135

## 案例8　利用拉线下杆塔

## 人员坠落身亡

### 🔍 事故经过

某供电局送电工区进行220kV某线检修工作，送电工区线路检修班分为五个作业组，其中一个作业组由工作人员颜某和监护人马某等到几人组成。工作全部结束后颜某提出破例用拉线下杆。当颜某滑至拉线长度一半时，坠落地面，经抢救无效死亡。

## 现场目击

▶▶ 某供电局送电工区进行220kV某线检修工作。

▶▶ 送电工区线路检修班分为五个作业组，其中一个作业组由工作人员颜某和监护人马某等到几人组成。

137

▶▶ 工作全部结束后颜某提出破例用拉线下杆。

▶▶ 当颜某滑至拉线长度一半时，坠落地面，经抢救无效死亡。

## 案例警示

　　严禁利用绳索、拉线上下杆塔，防止绳索、拉线出现断裂情况导致作业人员坠落。

## 《安规》对照

**《国家电网公司电力安全工作规程　配电部分（试行）》**

**6.2.2**　杆塔作业应禁止以下行为：

　　（1）攀登杆基未完全牢固或未做好临时拉线的新立杆塔。

　　（2）携带器材登杆或在杆塔上移位。

　　（3）利用绳索。拉线上下杆塔或顺杆下滑。

## 7　配电设备工作

### 案例9　违规单人搬动梯子
### 与带电设备接触引发停电

#### 🔍 事故经过

　　某变电站35kV TV进行检修。因为其余人员都在对避雷器进行试验，张某为图省事，自己独自一人搬动梯子，结果在经过Ⅰ号主变压器35kV侧下方时，梯子与带电的5011隔离开关A相闸刀接触，造成35kV母线全停事故。

140

## 现场目击

▶▶ 某变电站35kV TV进行检修。

▶▶ 因为其余人员都在对避雷器进行试验，张某为图省事，自己独自一人搬动梯子。

▶▶ 结果在经过Ⅰ号主变压器35kV侧下方时，梯子与带电的5011隔离开关A相闸刀接触。

带电的5011隔离开关A相闸刀

▶▶ 造成35kV母线全停事故。

35kV母线全停

## 案例警示

变电站设备区和高压室内是带电设备较密集的场所，搬运工作存在一定的误碰危险。单人搬动梯子、管子、弹性长物和带有引线的绝缘杆等设备时，容易因被搬运长物前后受力不平衡而失去控制，误触带电设备；也容易因被搬运长物的弹性起伏而难以保持与带电设备的安全距离，造成人身伤害和设备损坏。所以要放倒并两人搬运，并禁止肩扛，便于控制被搬运物体平衡，保持与带电设备的距离，必要时工作中还应设专人监护。

## 《安规》对照

**《国家电网公司电力安全工作规程　配电部分（试行）》**

**7.3.7**　在配电站或高压室内搬动梯子、管子等长物，应放倒，由两人搬运，并与带电部分保持足够的安全距离。在配电站的带电区域内或邻近带电线路处，禁止使用金属梯子。

143

## 8　低压电气工作

### 案例10　带电作业未采取绝缘措施

### 线路工触电身亡

🔍 **事故经过**

　　某电力局线路工冯某在做低压线路的带电接头作业时，未使用带有绝缘柄的工具，也未站在绝缘台上，工作时将工具随手放在杆上横担抱箍螺丝间，冯某拿工具时，不慎左手碰带电导线，发生触电，经抢救无效死亡。

## 现场目击

▶▶ 某电力局线路工冯某在做低压线路的带电接头作业。

▶▶ 冯某未使用带有绝缘柄的工具，也未站在绝缘台上。

▶▶ 工作时将工具随手放在杆上横担抱箍螺丝间。

▶▶ 冯某拿工具时，不慎左手碰带电导线，发生触电，经抢救无效死亡。

146

## 案例警示

低压操作时如果出现接地、相间短路，会产生弧光放电，流经人体的工频电流会对作业人员造成很大危害。为保证人身安全，防止弧光烧伤，作业人员应穿全棉长袖工作服、绝缘鞋，站在干燥的绝缘物上，戴手套、安全帽和护目镜工作。

低压系统相与相、相与地之间距离较近，为防止发生短路、交直流混电等现象，低压带电作业时必须使用有绝缘柄的工具，工器具外裸的导电部位也要采取缠绕、绑扎等绝缘措施。工作中严禁使用易造成短路的工具。

## 《安规》对照

**《国家电网公司电力安全工作规程　配电部分（试行）》**

**8.1.8** 低压电气带电工作使用的工具应有绝缘柄，其外裸露的导电部位应采取绝缘包裹措施；禁止使用锉刀、金属尺和带有金属物的毛刷、毛掸等工具。

147

案例11　低压电缆绝缘破损

接触配电箱造成箱体带电

## 事故经过

　　某供电局配网班进行城区8号公用变压器的检修工作。工作人员小夏在准备打开配电箱拉开低压开关时，发现配电箱带电。仔细查找原因时发现，配电箱内0.4kV低压电缆在施放过程中外绝缘严重磨损，其中C相绝缘破损后触及配电箱，造成箱体带电。

## 现场目击

▶▶ 某供电局配网班进行城区8号公用变压器的检修工作。

▶▶ 工作人员夏某在准备打开配电箱拉开低压开关时，发现配电箱带电。

149

▶▶　仔细查找原因时发现，配电箱内0.4kV低压电缆在施放过程中外绝缘严重磨损，其中C相绝缘破损后触及配电箱。

0.4kV低压电缆

▶▶　造成箱体带电。

### 案例警示

配电箱、电表箱可能由于箱内电气设备绝缘损坏等原因带电，一般无弧光、声响等现象，如不及时处理，将造成设备损坏甚至危及工作人员的人身安全。

当发现配电箱、电表箱箱体带电时，为避免触电伤害及保护与其相连接的电气设备，应立即断开上一级电源将其停电，查明带电原因，根据设备实际情况进行维修、更换等相应处理。

### 《安规》对照

**《国家电网公司电力安全工作规程　配电部分（试行）》**

**8.2.7** 当发现配电箱、电表箱箱体带电时，应断开上一级电源，查明带电原因，并做相应处理。

151

# 9 带电作业

## 案例12 引流线未固定

### 与边相及工作人员相碰造成触电

### 事故经过

某市区6kV配电线路6号杆分支线煤运公司所属配电变压器的中相跌开式熔断器引流线烧坏，由该市供电局配电工区带电班前往处理。该市区6kV配电线路为三角形布线。由于引流线是钢芯铝绞线，线较长。作业时，作业人员王某只用绝缘操作杆将引流线勾住，未采取任何固定措施，以致在剪断中相后，引流线下落与边相相碰，而引流线的另一端碰到作业人员王某的右腿上，导致其触电致残。

## 现场目击

▶▶ 某市区6kV配电线路6号杆分支线煤运公司所属配电变压器的中相跌开式熔断器引流线烧坏，由该市供电局配电工区带电班前往处理。

中相跌开式熔断器引流线烧坏

▶▶ 该市区6kV配电线路为三角形布线。

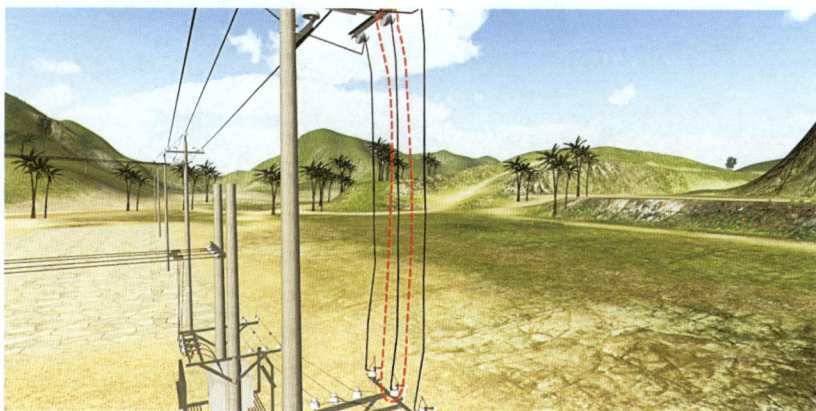

153

▶▶ 由于引流线是钢芯铝绞线，线较长，作业时，作业人员王某只用绝缘操作杆将引流线勾住，未采取任何固定措施。

未采取任何固定措施

▶▶ 剪断中相后，引流线下落与边相相碰，而引流线的另一端碰到作业人员王某的右腿上，导致其触电致残。

引流线下落与边相相碰

## 案例警示

带电断、接空载线路等设备的引流线，必须用绝缘绳或绝缘支撑杆将其牢牢固定，防止摆动而造成接地、相间短路或人身触电。

## 《安规》对照

**《国家电网公司电力安全工作规程  配电部分（试行）》**

**9.3.1**  禁止带负荷断、接引线。

**9.3.2**  禁止用断、接空载线路的方法使两电源解列或并列。

**9.3.3**  带电断、接空载线路时，应确认后端所有断路器（开关）、隔离开关（刀闸）已断开，变压器、电压互感器已退出运行。

**9.3.4**  带电断、接空载线路所接引线长度应适当，与周围接地构件、不同相带电体应有足够安全距离，连接应牢固可靠。断、接时应有防止引线摆动的措施。

155

## 案例13　绝缘硬梯安全系数不满足要求

### 作业时折断致人骨折

### 🔍 事故经过

某供电局送电带电班对某35kV线路22～31号杆段采用绑扎方法处理导线断股。按规定要求，不能使用软梯，故决定使用长2.6m绝缘硬梯。但因绝缘硬梯未满足规定的安全系数，使绝缘梯上端0.5m处折断，等电位作业人员随断梯摔落地面，造成骨折。

### 现场目击

▶▶ 某供电局送电带电班对某35kV线路22～31号杆段采用绑扎方法处理导线断股。

▶▶ 按规定要求，不能使用软梯，故决定使用长2.6m绝缘硬梯。

软梯　　　绝缘硬梯

▶▶ 但因绝缘硬梯未满足规定的安全系数，使绝缘梯上端0.5m处折断。

▶▶ 等电位作业人员随断梯摔落地面，造成骨折。

## ⓠ 案例警示

　　带电作业工具使用时如果工作负荷超过机械强度，会造成工具的损坏，并危及人身安全。因此，使用前必须认真核对相关参数是否满足规定的安全系数要求。

## ⓠ 《安规》对照

**《国家电网公司电力安全工作规程　配电部分（试行）》**

　　**9.8.2.2**　带电作业工具使用前应根据工作负荷校核机械强度，并满足规定的安全系数。

　　**9.8.2.3**　运输过程中，带电绝缘工具应装在专用工具袋、工具箱或专用工具车内，以防受潮和损伤。发现绝缘工具受潮或表面损伤、脏污时，应及时处理并经试验或检测合格后方可使用。

　　**14.1.4**　试验装置的金属外壳应可靠接地；高压引线应尽量缩短，并采用专用的高压试验线，必要时用绝缘物支持牢固。试验装置的电源开关，应使用明显断开的双极刀闸。为了防止误合刀闸，可在刀刃或刀座上加绝缘罩。试验装置的低压回路中应有两个串联电源开关，并加装过载自动跳闸装置。

159

## 10　二次系统工作

（略）

## 11　高压试验与测量工作

**案例14**　升压器未调零未断电

工作人员操作时触电烧伤双手

### 事故经过

　　某供电局变电施工队在变电站升压器做断路器的交流耐压试验时，发现实验数据有问题。在查找原因时，工作人员李某既未将升压器调至零位，也未切断试验电源。李某发现升压器极性接反，直接改变极性，操作中触及了升压变压器带电部分。幸亏电压不高，李某当即自己脱离开电源，但仍烧伤了双手。

## 现场目击

▶▶ 某供电局变电施工队在变电站升压器做断路器的交流耐压试验时，发现实验数据有问题。

▶▶ 在查找原因中，工作人员李某既未将升压器调至零位，也未切断试验电源。

未将升压器调至**0**位

▶▶ 李某发现升压器极性接反，直接改变极性。

▶▶ 操作中触及了升压变压器带电部分。幸亏电压不高，李某当即自己脱离开电源，但仍烧伤了双手。

## 案例警示

对试验装置施加电压前，调压器必须在零位，否则一合电源开关，即会有一定的电压输出，不能保证试验升压的要求，甚至发生过高电压损坏设备。

## 《安规》对照

**《国家电网公司电力安全工作规程　配电部分（试行）》**

**11.2.6** 试验应使用规范的短路线，加电压前应检查试验接线，确认表计倍率、量程、调压器零位及仪表的初始状态均正确无误后，通知所有人员离开被试设备，并取得试验负责人许可，方可加压。加压过程中应有人监护并呼唱，实验人员应随时警戒异常现象发生，操作人应站在绝缘垫上。

**11.2.7** 变更接线或试验结束，应断开试验电源，并将升压设备的高压部分放电、短路接地。

## 案例15　人员观测表计时

### 与带电部分距离过近

### 断路器对其放电致死

### 事故经过

　　某供电局保护班一名工作人员孙某在变电站测量户外10kV 932断路器间隔电流互感器二次电流。

　　在观测表计数据时，孙某没有注意头部与带电部分的距离，导致932断路器触头对其头部放电，导致其触电，孙某送医后经抢救无效死亡。

164

## 现场目击

▶▶　某供电局保护班一名工作人员孙某在变电站测量户外10kV 932断路器间隔电流互感器二次电流。

▶▶　在观测表计数据时，孙某没有注意头部与带电部分的距离。

距离过近

▶▶ 导致932断路器触头对其头部放电，导致其触电。

▶▶ 孙某送医后经抢救无效死亡。

120

## 案例警示

观测表计时，人的头部是最接近导体的带电部分，而人的注意力主要集中在表计上，容易忽视周围环境。所以观测表计时要特别注意保持头部与带电部分的安全距离，监护人也要加强监护，及时提醒。

## 《安规》对照

**《国家电网公司电力安全工作规程 配电部分（试行）》**

**11.3.1.3** 测量时应戴绝缘手套，穿绝缘鞋（靴）或站在绝缘垫上，不得触及其他设备，以防短路或接地。观测钳形电流表数据时，应注意保持头部与带电部分的安全距离。

**11.3.1.4** 在高压回路上测量时，禁止用导线从钳形电流表另接表计测量。

**167**

## 案例16 以普通皮尺代替绝缘皮尺测量

### 人员触电被烧伤

#### 事故经过

2000年3月5日，某供电局计划安排对10kV某线路进行检修，现场勘查后发现15～16号跨越0.22kV线路一次，随即派王某和韩某对交叉跨越距离进行测量。王某："忘带绝缘测量工具了怎么办？"韩某："我这有普通皮尺，应该也没啥事吧？"王某："这东西靠谱么？"韩某："看着挺靠谱的，你上去试试呗！"王某："好吧。"结果在测量时发生触电，王某被电弧烧伤。

## 现场目击

▶▶ 某供电局计划安排对10kV某线路进行检修。

▶▶ 现场勘查后发现15～16号跨越0.22kV线路一次，随即派王某和韩某对交叉跨越距离进行测量。

▶▶ 王某："忘带绝缘测量工具了怎么办？"韩某："我这有普通皮尺，应该也没啥事吧？"王某："这东西靠谱么？"韩某："看着挺靠谱的，你上去试试呗！"

▶▶ 结果在测量时发生触电，小王被电弧烧伤。

## 案例警示

　　测量使用的皮尺、普通绳索、线尺等测量工具，是非绝缘性测量工具，易在测量中对人身造成伤害，对带电线路测量时不能使用。在带电线路上进行测量应用专用的绝缘测量工具或仪器。

## 《安规》对照

**《国家电网公司电力安全工作规程　配电部分（试行）》**

　　**11.3.4**　测量带电线路导线对地面、建筑物、树木的距离以及导线与导线的交叉跨越距离时，禁止使用普通绳索、线尺等非绝缘工具。

　　**11.3.5**　测量杆塔、配电变压器和避雷器的接地电阻，若线路和设备带电，解开或恢复杆塔、配电变压器和避雷器的接地引线时，应戴绝缘手套。禁止直接接触与地断开的接地线。

## 12　电力电缆工作

**案例17**　电缆施放时未核定图纸

电缆放反造成经济损失

### 事故经过

某检修队在某变电站进行10kV电容器电缆施放工作，由彭某担任负责人。

彭某："我已经放完两组电缆，你去将电缆锯断制作电缆头吧！"施工人员："可咱们还没有对图纸进行认真核对啊。"彭某："不用了，我确定就是这条，快去干活吧。"施工人员："好吧，我这就去。"

在验收时发现两根电缆刚好放反，造成经济损失3万余元。

## 现场目击

▶▶ 某检修队在某变电站进行10kV电容器电缆施放工作由彭某担任负责人。

▶▶ 彭某："我已经放完两组电缆，你去将电缆锯断制作电缆头吧！"

▶▶ 施工人员："可咱们还没有对图纸进行认真核对啊。"彭某："不用了，我确定就是这条，快去干活吧。"施工人员："好吧，我这就去。"

▶▶ 在验收时发现两根电缆刚好放反，造成经济损失3万余元。

在验收时发现两根电缆刚好放反，造成经济损失3万余元

## 案例警示

工作前应该详细核对电缆标志牌的名称，必要时核对电缆敷设的平面图，确认与工作票所写的相符。工作前还应检查需装设的接地线、标示牌、绝缘隔板及其他防火、防护措施正确可靠并和工作票所列的工作内容、安全技术措施相符，经许可后方可进行工作。

## 《安规》对照

**《国家电网公司电力安全工作规程　配电部分（试行）》**

**12.1.1**　工作前，应核对电力电缆标志牌的名称与工作票所填写的是否相符以及安全措施是否正确可靠。

**12.1.2**　电力电缆的标志牌应与电网系统图、电缆走向图和电缆资料的名称一致。

**案例18** 耐压试验未对三相电缆逐相放电

试验中人员触电

### 事故经过

某电力公司高压试验班对新购入的电缆做耐压试验时，试验工作负责人李某没有对另两组电缆接地。

李某："你们记得测完后，对三相电缆逐相放电保证安全。"

工作人员张某："另两组电缆没有接地真的没事么？"

李某："没事，你继续工作吧。"

张某："好吧。"

张某在做完一相电缆试验后，将取下的试验夹子顺手夹到了另一相，发生触电事故。

## 现场目击

▶▶ 某电力公司高压试验班对新购入的电缆做耐压试验。

▶▶ 试验工作负责人李某没有对另两组电缆接地。

▶▶ 李某："你们记得测完后，对三相电缆逐相放电保证安全。"工作人员张某："另两组电缆没有接地真的没事么？"李某："没事，你继续工作吧。"张某："好吧。"

▶▶ 工作人员张某在做完一相电缆试验后，将取下的试验夹子顺手夹到了另一相，发生触电事故。

## 案例警示

电缆耐压试验逐相进行时，一相电缆加压，另外两相电缆导体、金属屏蔽或金属护套和铠装层应接地。每相试验完毕，先将调压器退回到零位，然后切断电源。被试相电缆要经电阻充分放电并直接接地，然后才可以调换试验引线。在调换试验引线时，人不可直接接触未接地的电缆导体。

## 《安规》对照

**《国家电网公司电力安全工作规程 配电部分（试行）》**

**12.3.4** 电缆耐压试验分相进行时，另两相电缆应可靠接地。

**12.3.5** 电缆试验结束，应对被试电缆进行充分放电，并在被试电缆上加装临时接地线，待电缆终端引出线接通后方可拆除。

**案例19** 电缆试验未挂标示牌未通知负责人

检修人员上杆工作触电

### 事故经过

　　某供电局高压试验班在110kV某变电站对10kV某出线电缆做耐压试验时，在加压端做好了安全措施，但变电站围墙外电杆上电缆没有悬挂标示牌，也无人看守和通知线路工作负责人，造成线路检修人员李某在上杆工作时触电坠落死亡。

## 现场目击

▶▶ 某供电局高压试验班在110kV某变电站对10kV某出线电缆做耐压试验。

▶▶ 在加压端做好了安全措施，但变电站围墙外电杆上电缆没有悬挂标示牌。

▶▶ 也无人看守和通知线路工作负责人。

▶▶ 造成线路检修人员李某在上杆工作时触电坠落死亡。

## 案例警示

电缆耐压试验时，电缆将带有远高于运行时的电压，电缆附近的人员容易因为安全距离不够而造成触电伤害。所以，耐压试验前应在加压端装设遮栏或围栏，向外挂"止步，高压危险！"的标示牌，警示他人不要进入试验场地。

## 《安规》对照

**《国家电网公司电力安全工作规程 配电部分（试行）》**

**12.3.1** 电缆耐压试验前，应先对被试电缆充分放电。加压端应采取措施防止人员误入试验场所；另一端应设置遮栏（围栏）并悬挂警告标示牌。若另一端是上杆的或是开断电缆处，应派人看守。

**12.3.2** 电缆试验需拆除接地线时，应在征得工作许可人的许可后（根据调控人员指令装设的接地线，应征得调控人员的许可），方可进行。工作完毕后立即恢复。

## 13　分布式电源相关工作

（略）

## 14　机具及安全工器具使用、检查、保管和试验

**案例20**　未断电焊机电源就拆除一次线

无绝缘防护令人员触电身亡

### 事故经过

　　某电厂检修班职工刁某带领张某检修380V直流电焊机，电焊机修好后进行通电试验良好，就将电焊机开关断开。

　　刁某："小张你去拆除电焊机二次线，我拆一次线。"张某："好，我这就去。"

　　刁某在拆除电焊机电源线中间接头时，未检查确认电焊机电源是否已断开，便在电源线带电又无绝缘防护的情况下作业，在拆除一次线的过程中意外触电，不治身亡。

## 现场目击

▶▶ 某电厂检修班职工刁某带领张某检修380V直流电焊机。

▶▶ 电焊机修好后进行通电试验良好，就将电焊机开关断开。

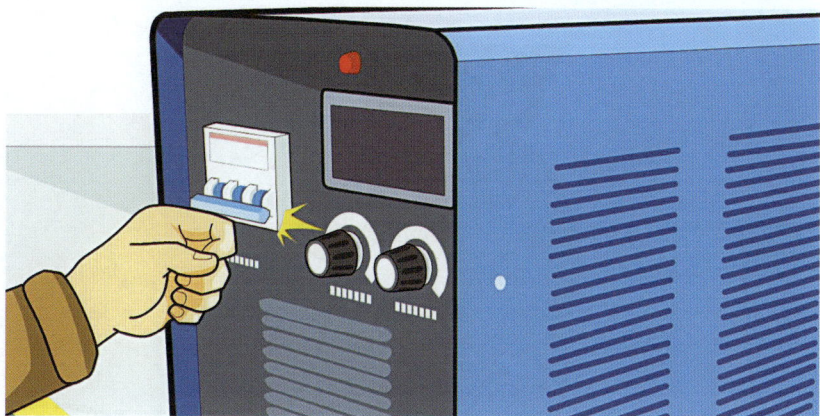

185

▶▶ 刁某在拆除电焊机电源线中间接头时，未检查确认电焊机电源是否已断开。

▶▶ 在拆除一次线的过程中意外触电，不治身亡。

## 案例警示

导致事故发生的主要原因是刁某没有按要求穿戴绝缘防护，且张某在工作中未有效地进行安全监督、提醒，未及时制止刁某的违章行为。

## 《安规》对照

**《国家电网公司电力安全工作规程　配电部分（试行）》**

**14.4.1**　连接电动机械及电动工具的电气回路应单独设开关或插座，并装设剩余电流动作保护装置，金属外壳应接地；电动工具应做到"一机一闸一保护"。

**14.4.2**　电动工具使用前，应检查确认电线、接地或接零完好；检查确认工具的金属外壳可靠接地。

**14.4.4**　使用电动工具，不得手提导线或转动部分。

使用金属外壳的电动工具，应戴绝缘手套。

**14.4.6**　在使用电动工具的工作中，因故离开工作场所或暂时停止工作以及遇到临时停电时，应立即切断电源。

**14.4.7**　在一般作业场所（包括金属架构上），应使用Ⅱ类电动工具（带绝缘外壳的工具）。

*187*

案例21　放线架置于松软地面

人员未随时观察致放线架翻倒

## 事故经过

某电业局线路工区线路一班在110kV某线路上进行展放导线工作。由于地形限制，放线架只能放在干水田中（土质松软，采取了加固措施），放线人员未随时观察放线架受力情况（是否在同一平面上），造成放线架翻倒，损伤导线。

## 现场目击

▶▶ 某电业局线路工区线路一班在110kV某线路上进行展放导线工作。

▶▶ 由于地形限制，放线架只能放在干水田中（土质松软，采取了加固措施）。

土质松软，采取了加固措施

▶▶ 放线人员未随时观察放线架受力情况（是否在同一平面上）。

▶▶ 造成放线架翻倒，损伤导线。

## 案例警示

　　放线架应支撑在坚实地面上，否则受力时易发生下陷、倾斜及造成导线盘拖地，损伤导线。如需在松软地面使用放线架时，则应采用加装垫木加强地面支撑、串联使用地锚钻增强稳定性等加固措施。

　　放线轴与导线伸展方向应形成垂直角度，否则会在导线展放过程中造成放线架位移、倾斜，严重时可能导致导线磨损、放线架变形损坏。

## 《安规》对照

**《国家电网公司电力安全工作规程　配电部分（试行）》**

**14.2.4**　放线架。

　　放线架应支撑在坚实的地面上，松软地面应采取加固措施。放线轴与导线伸展方向应垂直。

191

## 案例22　手扳葫芦打滑失控

### 人员高处坠落丧生

**事故经过**

某电力送变电建设公司四分公司第三施工队吕某、张某等人在147号塔进行中相导线的紧线操作工作。当吕某骑线出去解除临锚导线的卡线器时，由于使用的手扳葫芦突然打滑失控，导致吕某的安全带被拉断，吕某跌落地面，经抢救无效死亡。经对手扳葫芦解剖进行内部检查，发现手扳葫芦摩擦片上有部分油脂，摩擦片摩擦系数降低，手扳葫芦的尾部余链也未锁紧，因吕某在手扳葫芦链条上移动时产生振动，手扳葫芦打滑失控。

**现场目击**

▶▶ 某电力送变电建设公司四分公司第三施工队吕某、张某等人在147号塔进行中相导线的紧线操作工作。

▶▶ 吕某骑线出去解除临锚导线的卡线器。

▶▶ 由于使用的手扳葫芦突然打滑失控，导致吕某的安全带被拉断，吕某跌落地面，经抢救无效死亡。

▶▶ 经对手扳葫芦解剖进行内部检查，发现手扳葫芦摩擦片上有部分油脂，摩擦片摩擦系数降低，手扳葫芦的尾部余链也未锁紧，因吕某在手扳葫芦链条上移动时产生振动，手扳葫芦打滑失控。

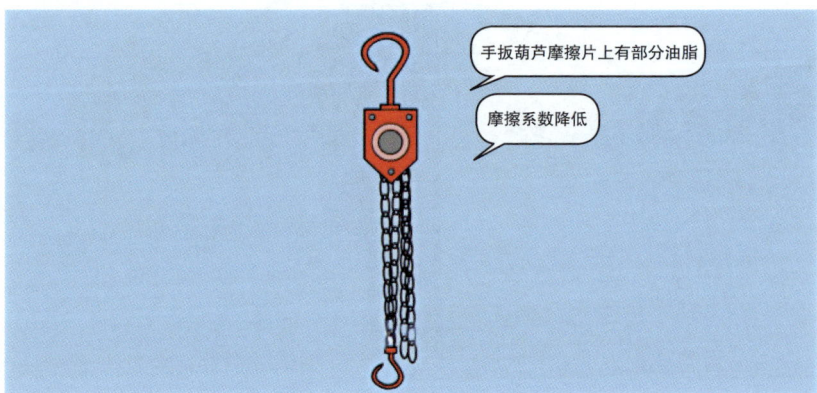

194

手扳葫芦摩擦片上有部分油脂

摩擦系数降低

### 案例警示

　　链条葫芦作为起重设施，使用前应检查吊钩、链条、传动装置及刹车装置是否良好，在使用链条葫芦前对链条葫芦的各部位仔细检查，确保链条葫芦能够正常使用。吊钩、链轮、倒卡等有变形或磨损时，将造成许用应力下降及使用中过链等。链条直径磨损量达10%时，应禁止使用，防止在起吊过程中断裂引起事故。

### 《安规》对照

**《国家电网公司电力安全工作规程　配电部分（试行）》**

　　**14.1.1**　作业人员应了解机具（施工机具、电动工具）及安全工器具相关性能，熟悉其使用方法。

　　**14.1.2**　现场使用的机具、安全工器具应经检验合格。

　　**14.2.6.1**　使用前应检查吊钩、链条、转动装置及制动，吊钩、链轮或倒卡变形以及链条磨损达直径的10%时，禁止使用。制动装置禁止沾染油脂。

案例23 吊装质量超过吊装能力

吊车主臂变形物品掉落

### 事故经过

某建筑公司吊车司机操作35t吊车给塔架班组吊移立柱、斜撑以清理场地。吊车杆长22m左右，吊起质量为8.5t的钢构件。起吊物离地面300～400mm时，吊车司机按起重工指挥向左回转。突然，吊物全部落到地面，吊车主臂第二节向下弯曲变形。经检查，起重工违章指挥，吊装半径内吊装能力为8.3t，而所吊物件质量为8.5t。

## 现场目击

▶▶ 某建筑公司吊车司机操作35t吊车给塔架班组吊移立柱、斜撑以清理场地。

▶▶ 吊车杆长22m左右，吊起质量为8.5t的钢构件。

197

▶▶ 起吊物离地面300～400mm时，吊车司机按起重工指挥向左回转。突然，吊物全部落到地面，吊车主臂第二节向下弯曲变形。

▶▶ 经调查，起重工违章指挥，吊装半径内吊装能力为8.3t，而所吊物件质量为8.5t。

超过起吊能力

## 案例警示

　　机具应按出厂说明书和铭牌的规定使用，不准超负荷使用，避免造成机具性能降低或损坏，引发危险。固定式机械应随同机械设置安全操作牌，标明机械名称、规格及操作注意事项。

## 《安规》对照

**《国家电网公司电力安全工作规程　配电部分（试行）》**

　　**14.1.1**　作业人员应了解机具（施工机具、电动工具）及安全工器具相关性能，熟悉其使用方法。

　　**14.1.2**　现场使用的机具、安全工器具应经检验合格。

## 案例24　卡线器钳口磨平

### 线材滑跑刮伤人员

### 事故经过

　　某施工班组在35kV 某新建线路进行架空地线展放工作。架空地线紧线时，工作人员汪某正准备挂线，架空地线突然从卡线器滑跑，将汪某头部刮伤。事后调查发现，卡线器钳口斜纹已经磨平，握着力已不能满足过牵引力。

## 现场目击

▶▶ 某施工班组在35kV某新建线路进行架空地线展放工作。

▶▶ 架空地线紧线时，工作人员汪某正准备挂线。

▶▶ 架空地线突然从卡线器滑跑，将汪某头部刮伤。

▶▶ 事后调查发现，卡线器钳口斜纹已经磨平，握着力已不能满足过牵引力。

## 案例警示

　　使用规格、材质与线材不匹配的卡线器，会导致握着力不足引起导线滑脱或线材受损。卡线器使用前应由专人进行外观检查，有裂纹、弯曲、转轴不灵活或钳口斜纹磨平等缺陷将导致卡线器卡涩，影响卡线器的强度和握着力，卡线器发现以上情况严禁使用并应报废。

## 《安规》对照

**《国家电网公司电力安全工作规程　配电部分（试行）》**

　　**14.2.3**　卡线器。卡线器的规格、材质应与线材的规格、材质相匹配。不得使用有裂纹、弯曲、转轴不灵活或钳口斜纹磨平等缺陷的卡线器。

案例25　钢丝绳磨损过度

起吊时断裂致物品摔落损坏

## 事故经过

　　某工程队利用抱杆起吊12m电杆，所用钢丝绳是Φ12的旧钢丝绳。现场检查发现，该钢丝绳的钢丝磨损达到原来钢丝直径的40%以上，工作负责人检查后说"没有问题，可以用。"为了安全起见，工作负责人将直接牵引改为"走一走二"的滑轮组起吊。吊车司机按起重工指挥向左回转，突然，吊物全部落到地面，吊车主臂第二节向下弯曲变形。在起吊至5m高时，钢绳突然断裂，电杆摔落、损坏。

### 现场目击

▶▶ 某工程队利用抱杆起吊12m电杆，所用钢丝绳是$\Phi$12的旧钢丝绳。

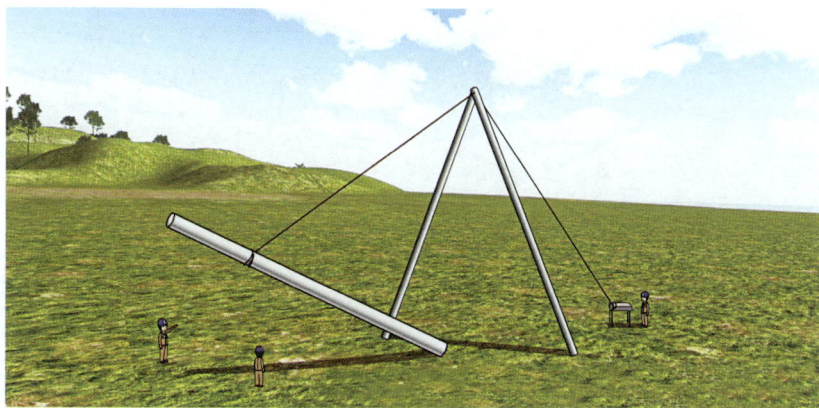

▶▶ 现场检查发现，该钢丝绳的钢丝磨损达到原来钢丝直径的40%以上。

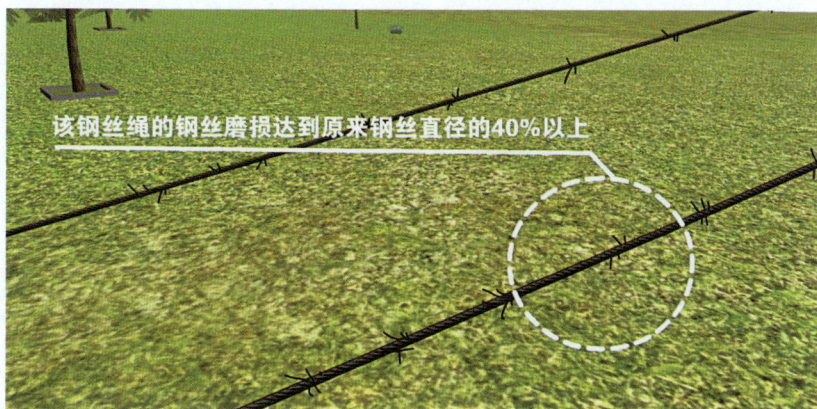

该钢丝绳的钢丝磨损达到原来钢丝直径的40%以上

▶▶ 工作负责人检查后说"没有问题，可以用。"为了安全起见，工作负责人将直接牵引改为"走一走二"的滑轮组起吊。

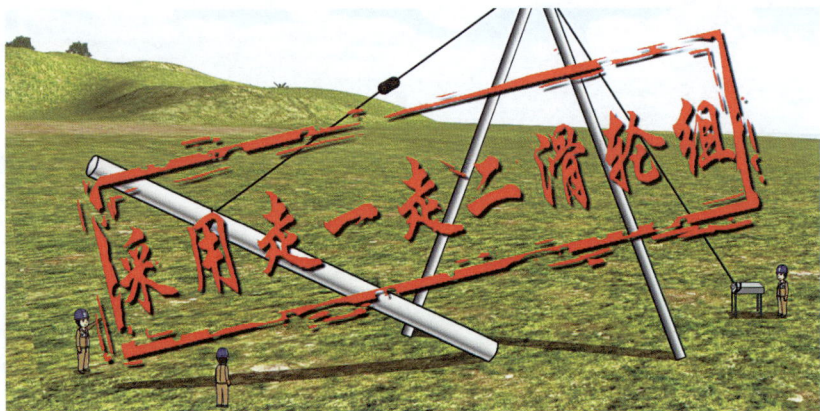

▶▶ 吊车司机按起重工指挥向左回转，突然，吊物全部落到地面，吊车主臂第二节向下弯曲变形。在起吊至5m高时，钢绳突然断裂，电杆摔落、损坏。

案例警示

钢丝绳发生磨损、断股、变形、退火、电弧烧伤，都将对钢丝绳的力学特性产生影响，当上述伤害达到一定程度时，将达不到额定承载能力，无法满足安全系数的要求，从而危及钢丝绳的安全使用，必须予以报废。同时为保证钢丝绳处在良好的工作状态，应定期浸油，对钢丝绳金属部分进行润滑，避免钢丝绳锈蚀、磨损。

《安规》对照

**《国家电网公司电力安全工作规程　配电部分（试行）》**

**14.2.7.1**　钢丝绳应定期浸油，遇有下列情况之一者应报废：

1）钢丝绳在一个节距中有表14-1中的断丝根数者。

2）钢丝绳的钢丝磨损或腐蚀达到钢丝绳实际直径比其公称直径减少7%或更多者。

3）钢丝绳受过严重退火或局部电弧烧伤者。

4）绳芯损坏或绳股挤出者。

5）笼状畸形、严重扭结或弯折者。

6）钢丝绳压扁变形及表面毛刺严重者。

7）钢丝绳断丝数量不多，但断丝快速增加者。

**14.2.7.2**　插接的环绳或绳套，其插接长度应大于钢丝绳直径的15倍，且不得小于300mm。新插接的钢丝绳套应做125%允许负荷的抽样试验。

207

案例26　绳索接头滑脱

物品掉落致人死亡

### 事故经过

　　超高压局送电工区线路二班根据工区安排，对220kV陈竹南线进行检修工作，其中33号铁塔更换绝缘子，由梅某担任组长。当新绝缘子串上升到接近铁塔下横担（离地约18m）时，熊某从绝缘子串下通过，正遇上白棕绳接头滑脱，绝缘子串从高处坠落，击中熊某头部，熊某经抢救无效死亡。

## 现场目击

▶▶ 超高压局送电工区线路二班根据工区安排，对220kV陈竹南线进行检修工作。其中33号铁塔更换绝缘子，由梅某担任组长。

▶▶ 新绝缘子串上升到接近铁塔下横担（离地约18m）时。

离地约18m

▶▶ 熊某从绝缘子串下通过，正遇上白棕绳接头滑脱，绝缘子串从高处坠落，击中熊某头部。

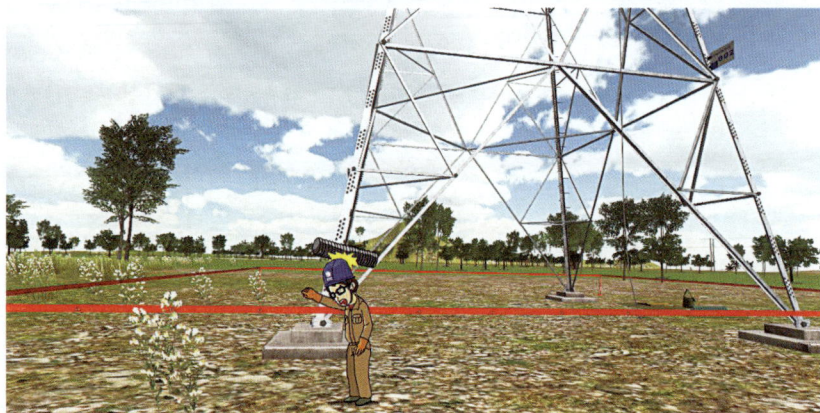

▶▶ 熊某经抢救无效死亡。

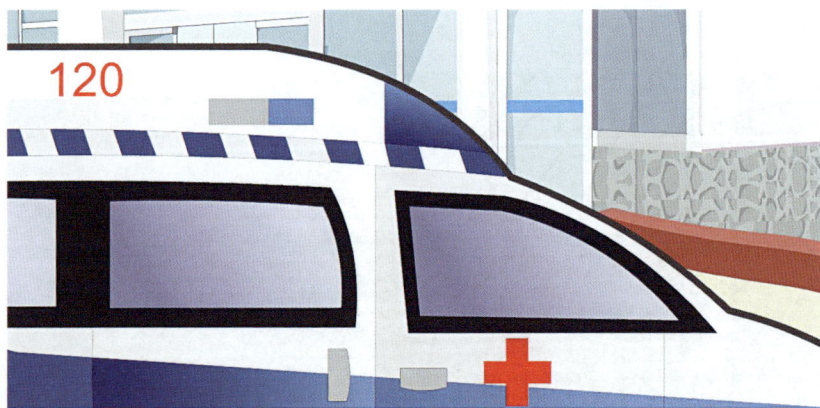

## 案例警示

纤维绳、麻绳是由许多根细线捻绕而成，锯断绳索后，断头处捻绕的细线失去固定，如不采取措施，将会松散。因此，应先将预定切断的两边用软钢丝扎结。即使在切断前采取措施，切断后断头也应及时编结处理，否则，随着绳索的不断使用，会出现越来越严重的散股现象。绳索散股后，其各分股不能同时承重，等效直径就会大幅度下降，造成安全生产的重大隐患。

为防止高空坠物伤害到高处作业地点下面的人员，在工作地点下面应设置围栏或其他保护装置，以阻止无关人员随意通行，逗留，并起到警示作用。

## 《安规》对照

**《国家电网公司电力安全工作规程　配电部分（试行）》**

**14.2.9.3**　切断绳索时，应先将预定切断的两边用软钢丝扎结，以免切断后绳索松散，断头应编结处理。

**14.2.9.2**　机械驱动时禁止使用纤维绳。

**17.1.13**　高处作业，除有关人员外，他人不得在工作地点的下面通行或逗留，工作地点下面应有遮栏（围栏）或装设其他保护装置。若在格栅式的平台上工作，应采取有效隔离措施，如铺设木板等。

211

## 案例27　滑车勾环损坏　绳索脱出险酿事故

### 事故经过

　　某供电局线路班进行110kV某线检修工作。在72号杆（直线杆）更换C相绝缘子串、传递工器具时，绳索从滑车中脱落。经查明，工作人员使用开门滑车时，开门勾环已损坏，绳索自动跑出。

## 现场目击

▶▶ 某供电局线路班进行110kV某线检修工作。

▶▶ 在72号杆（直线杆）更换C相绝缘子串、传递工器具时。

213

▶▶ 绳索从滑车中脱落。

▶▶ 经查明，工作人员使用开门滑车时，开门勾环已损坏，绳索自动跑出。

开门勾环已损坏

## 案例警示

　　使用开门式滑车时必须将门扣锁好。如果开门滑车的门扣不锁好，在吊装作业过程中，不仅滑车受偏心力而且还容易发生跳绳及牵引绳从滑轮槽内跳出来的事故。因此必须有防止脱扣的措施。

## 《安规》对照

**《国家电网公司电力安全工作规程　配电部分（试行）》**

　　**14.2.10.2**　使用的滑车应有防止脱钩的保险装置或封口措施。使用开门滑车时，应将开门勾环扣紧，防止绳索自动跑出。

　　**14.2.10.3**　滑车不得拴挂在不牢固的结构物上。拴挂固定滑车的桩或锚应埋设牢固可靠。

| 案例28 | 接地线误接相线 |

电焊机带电使人员触电身亡

## 事故经过

上海某工地桩机操作工张某借来一台电焊机。张某将电焊机保护接地线（PE）错误地接在三相电源的一条相线上，使电焊机的外壳带电。张某接好线后就合上了电源开关。随后李某从该电焊机的旁边经过时，脚踩到与电焊机连接的钢丝绳上，触电死亡。

## 现场目击

▶▶ 上海某工地桩机操作工张某借来一台电焊机。

▶▶ 张某将电焊机保护接地线（PE）错误地接在三相电源的一条相线上，使电焊机的外壳带电。

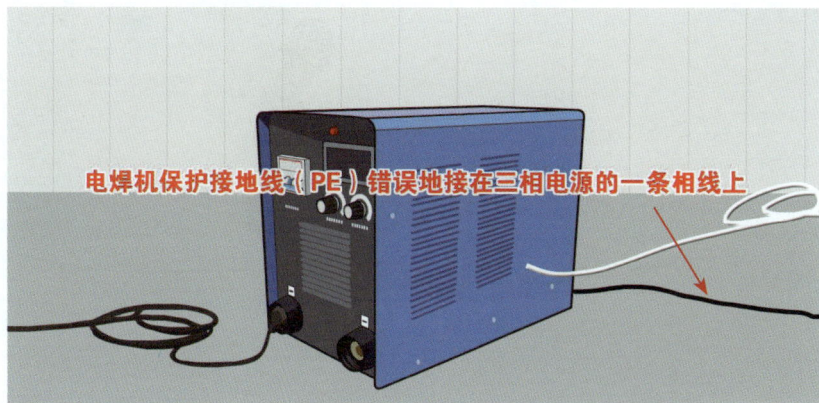

电焊机保护接地线（PE）错误地接在三相电源的一条相线上

▶▶ 张某接好线后就合上了电源开关。

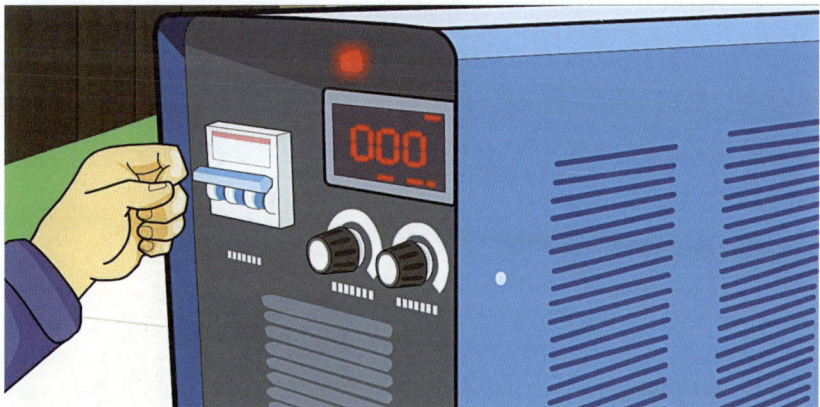

▶▶ 随后李某从该电焊机的旁边经过时，脚踩到与电焊机连接的钢丝绳上，触电死亡。

## 案例警示

为防止电气设备因金属外壳意外带电时造成人员触电伤害，将与电气设备带电部分相绝缘的金属外壳或架构同接地体之间做良好的连接，称为保护性接地。它又分为保护接地和保护接零两种形式。保护接地一般适用于中性点不接地或经高阻接地系统。保护接零是指电气装置外露可导电部分与电源端接地点有直接的电气联系。保护接零适用于中性点接地系统。

综上所述，为防止人身因电气设备绝缘损坏而发生触电，电动的工具、机具应接地或接零良好。

## 《安规》对照

**《国家电网公司电力安全工作规程　配电部分（试行）》**

**14.4.2**　电动工具使用前，应检查确认电线、接地或接零完好；检查确认工具的金属外壳可靠接地。

**14.4.1**　连接电动机械及电动工具的电气回路应单独设开关或插座，并装设剩余电流动作保护装置，金属外壳应接地；电动工具应做到"一机一闸一保护"。

案例29　焊机长期未使用

也未做绝缘电阻检查

焊工开机时触电致死

**事故经过**

上海某机械厂结构车间，工作人员用数台焊机对产品机座进行焊接。因为有一台焊机将近一年没有使用，使用前也没有对其绝缘电阻进行检查，当一名焊工右手合上电源开关、左手扶此焊机时的一瞬间，被电击倒在地，送医院后经抢救无效死亡。

## 现场目击

▶▶ 上海某机械厂结构车间，工作人员用数台焊机对产品机座进行焊接。

▶▶ 因为有一台焊机将近一年没有使用，使用前也没有对其绝缘电阻进行检查。

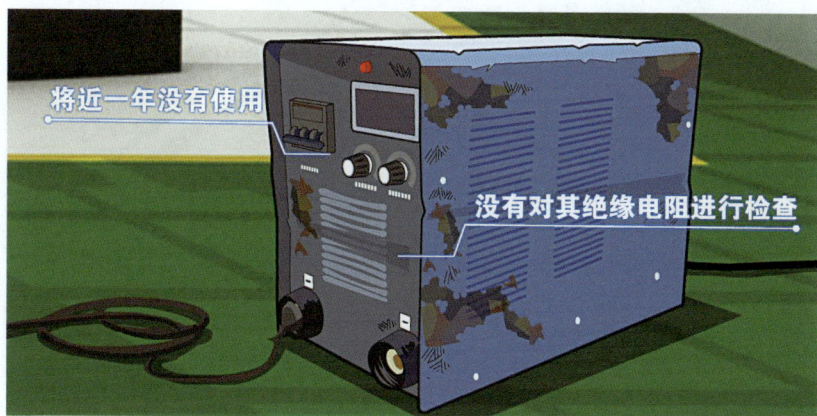

将近一年没有使用

没有对其绝缘电阻进行检查

221

▶▶ 当一名焊工右手合上电源开关、左手扶此焊机时的一瞬间，被电击倒在地。

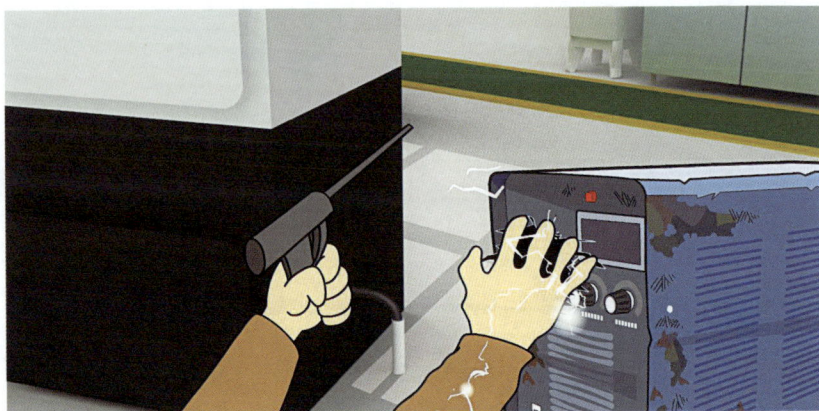

▶▶ 该焊工送医院后经抢救无效死亡。

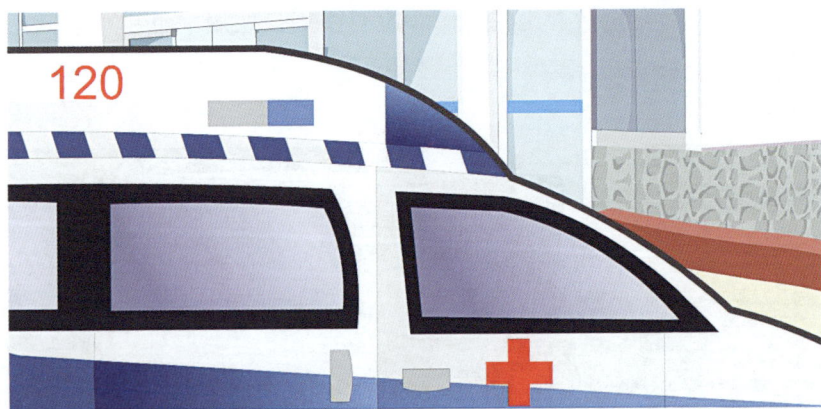

**案例警示**

　　长期停用或新领用的电动工具由于不能准确地确定其绝缘性能，故使用前要进行绝缘电阻检测，如果达不到要求则不能使用。对正常使用的电动工具，也应定期对其绝缘电阻进行测量、检查，以便及时发现隐患予以修复。

**《安规》对照**

**《国家电网公司电力安全工作规程　配电部分（试行）》**

　　**14.4.3**　长期停用或新领用的电动工具应用绝缘电阻表测量其绝缘电阻，若带电部件与外壳之间的绝缘电阻值达不到2MΩ，应禁止使用。

　　电动工具的电气部分维修后，应进行绝缘电阻测量及绝缘耐压试验。

　　**14.4.4**　使用电动工具，不得手提导线或转动部分。

　　使用金属外壳的电动工具，应戴绝缘手套。

223

## 案例30 安全帽没有帽带使用时飞脱

## 人员头部受撞击死亡

### 事故经过

某建筑公司工人王某戴了一顶没有帽带的安全帽，在深度2.5m的基建坑中工作。工作时坑上有一块木头滑下，王某为躲避下滑的木头，向后退步，却不想被身后一条木棍绊倒，安全帽飞脱，王某的头部重重地撞到了基墩上的角铁，经抢救无效死亡。

## 现场目击

▶▶ 某建筑公司工人王某戴了一顶没有帽带的安全帽。

安全帽没有帽带

▶▶ 在深度为2.5m的基建坑中工作。

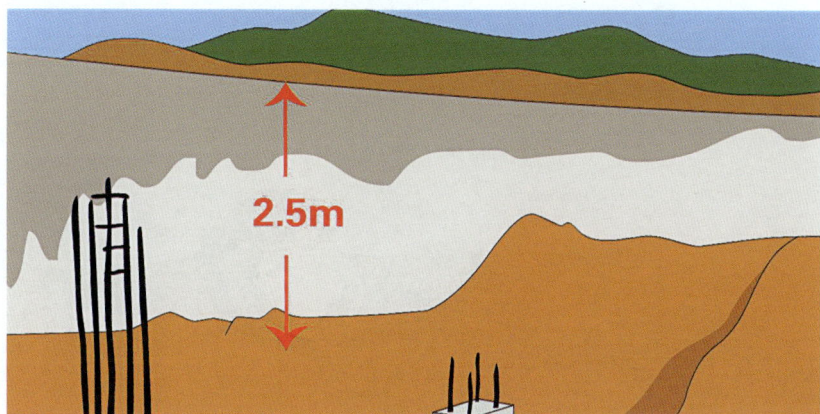

2.5m

▶▶ 工作时坑上有一块木头滑下，王某为躲避下滑的木头，向后退步。

▶▶ 却不想被身后一条木棍绊倒，安全帽飞脱，王某的头部重重地撞到了基墩上的角铁，经抢救无效死亡。

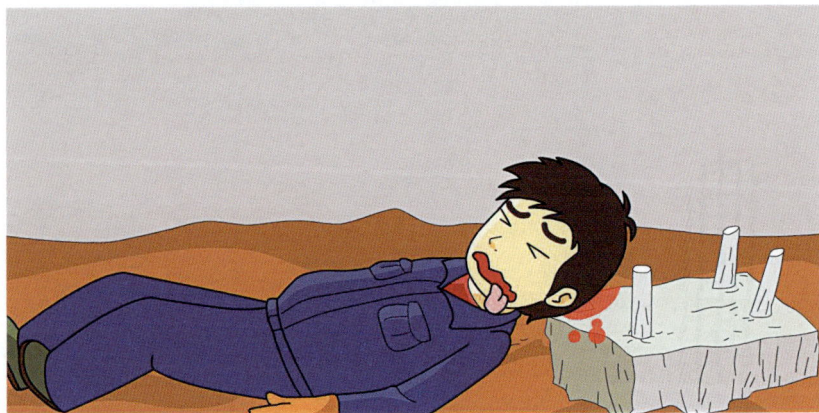

## 案例警示

　　安全帽是在人体头部受外力伤害时起防护作用的安全用具。缺少帽箍、顶衬、后箍、下颚带以及超过使用年限（从制造完成日算起，塑料安全帽30个月、玻璃钢安全帽42个月）等情况时，机械性能降低，佩戴不适且易脱落，会失去保护作用，因此禁止使用。

　　安全帽的佩戴方法，合格的安全帽内衬和下颚带是可以调节的，首先应将内衬圆周大小调节到对头部稍有约束感则可；其次，佩戴安全帽必须系好下颚带，下颚带必须紧贴下颚，松紧以下颚有约束感为宜，防止工作中前倾后仰或其他原因造成滑落。

## 《安规》对照

**《国家电网公司电力安全工作规程　配电部分（试行）》**

　　**14.5.2　安全帽**

　　（1）使用前，应检查帽壳、帽衬、帽箍、顶衬、下颚带等附件完好无损。

　　（2）使用时，应将下颚带系好，防止工作中前倾后仰或其他原因造成滑落。

　　**14.5.1**　安全工器具使用前，应检查确认绝缘部分无裂纹、无老化、无绝缘层脱落、无严重伤痕等现象以及固定连接部分无松动、无锈蚀、无断裂等现象。对其绝缘部分的外观有疑问时应经绝缘试验合格后方可使用。

227

## 案例31　操作杆绝缘部分无防雨罩

## 人员雨中处理故障被电弧灼伤

### 事故经过

　　某供电局变电检修班郑某带领华某、刘某检查10kV某线5号变压器台区故障。使用的操作杆的绝缘部分没有防雨罩，而且固定部分有松动迹象。华某将跌开式熔断器拉开并取下，发现熔丝熔断。处理好故障时，正好下起了小雨，结果华某被电弧灼伤。

## ⊙ 现场目击

▶▶ 某供电局变电检修班郑某带领华某、刘某检查10kV某线5号变压器台区故障。

▶▶ 使用的操作杆的绝缘部分没有防雨罩，而且固定部分有松动迹象。华某将跌开式熔断器拉开并取下。

跌开式熔断器拉开并取下

▶▶ 发现熔丝熔断。

▶▶ 处理好故障时，正好下起了小雨，结果华某被电弧灼伤。

### 案例警示

　　雨天操作应使用有防雨罩的绝缘杆。绝缘杆加装防雨罩的作用是将顺着绝缘杆流下的雨水阻断，使其不致形成一个连续的水流柱而降低湿闪电压，同时可以保持一段干燥的爬电距离，以保证湿闪电压合格。如果绝缘杆受潮操作时就会产生较大的泄漏电流，危及操作人员的安全。

### 《安规》对照

**《国家电网公司电力安全工作规程　配电部分（试行）》**

**14.5.4** 　绝缘操作杆、验电器和测量杆。

（1）允许使用电压应与设备电压等级相符。

（2）使用时，作业人员的手不得越过护环或手持部分的界限。人体应与带电设备保持安全距离，并注意防止绝缘杆被人体或设备短接，以保持有效的绝缘长度。

（3）雨天在户外操作电气设备时，操作杆的绝缘部分应有防雨罩或使用带绝缘子的操作杆。

231

## 案例32　电焊把绝缘破损

### 汗水浸湿防护服和手套

### 令人员触电

**事故经过**

　　某厂车间焊工商某在准备焊接作业。电焊把末端绝缘破损，商某却没有发现。由于高温炎热，工作地点没有使用降温风扇，导致商某所穿戴的工作服、防护手套被汗湿透，失去了绝缘功能，商某不幸触电。焊工班王班长检查时，发现商某倒在地上，因触电时间过长，经抢救无效死亡。

## 现场目击

▶▶ 某厂车间焊工商某在准备焊接作业。

▶▶ 电焊把末端绝缘破损，商某却没有发现。

绝缘**破损**

▶▶ 由于高温炎热，工作地点没有使用降温风扇，导致商某所穿戴的工作服、防护手套被汗湿透，失去了绝缘功能，商某不幸触电。

▶▶ 焊工班王班长检查时，发现商某倒在地上，因触电时间过长，经抢救无效死亡。

## 案例警示

　　作业现场的生产条件和安全设施等应符合有关标准、规范的要求，工作人员的劳动防护用品应合格、齐备。

## 《安规》对照

**《国家电网公司电力安全工作规程　配电部分（试行）》**

　　**2.3.1**　作业现场的生产条件和安全设施等应符合有关标准、规范的要求，工作人员的劳动防护用品应合格、齐备。

　　**14.1.1**　作业人员应了解机具（施工机具、电动工具）及安全工器具相关性能，熟悉其使用方法。

　　**14.1.2**　现场使用的机具、安全工器具应经检验合格。

　　**14.1.6**　机具和安全工器具应统一编号，专人保管。入库、出库、使用前应检查。禁止使用损坏、变形、有故障等不合格的机具和安全工器具。

　　**17.1.8**　低温或高温环境下的高处作业，应采取保暖和防暑降温措施，作业时间不宜过长。

235

## 15 动火工作

**案例33** 焊接火花掉落可燃物槽内
引发爆炸致多人死伤

### 🔍 事故经过

　　某有机化工厂乌洛托品车间因原料不足停产，厂领导研究决定借停产之机进行粗甲醇直接加工甲醛的技术改造。15时30分左右，当对溢流管阀门连接法兰与溢流管对接管口（距进料管敞口上方1.5m）进行焊接时，电火花四溅，掉落在进料管敞口处，引燃了甲醇计量槽内的爆炸物。随着一声巨响，计量槽槽体与槽底分开，槽体腾空而起，落在正西方80m处，槽顶一侧陷入地下1.2m，槽内甲醇四溅，形成一片大火，火焰高达15m。两名焊工当场被爆炸、灼烧致死，整个事故共造成9人死亡，5人受伤。

## 现场目击

▶▶ 某有机化工厂乌洛托品车间因原料不足停产。厂领导研究决定借停产之机进行粗甲醇直接加工甲醛的技术改造。

▶▶ 15时30分左右，当对溢流管阀门连接法兰与溢流管对接管口（距进料管敞口上方1.5m）进行焊接时，电火花四溅，掉落在进料管敞口处，引燃了甲醇计量槽内的爆炸物。

237

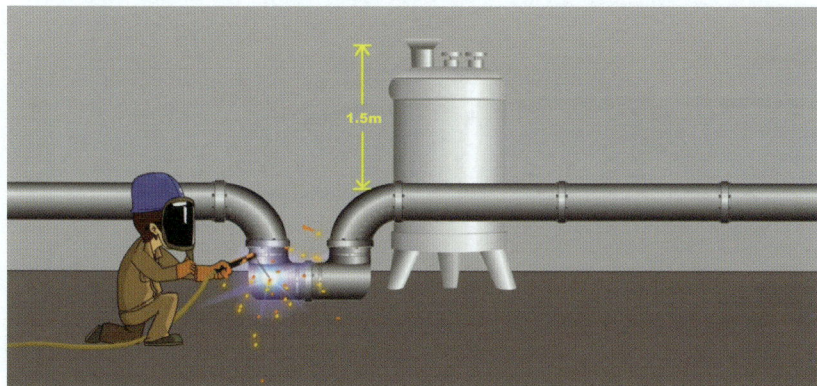

▶▶ 随着一声巨响，计量槽槽体与槽底分开，槽体腾空而起，落在正西方80m处，槽顶一侧陷入地下1.2m，槽内甲醇四溅，形成一片大火，火焰高达15m。

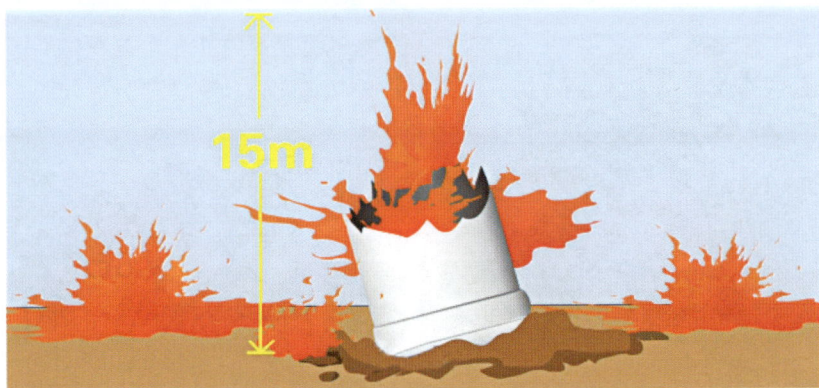

▶▶ 两名焊工当场被爆炸、灼烧致死，整个事故共造成9人死亡，5人受伤。

## 案例警示

（1）事后调查，溢流管上下两头都是法兰螺栓连接，若把两头螺丝卸下，完全可以避免事故的发生。

（2）由于动火工作存在较大的危险性，如能将作业构件（油管、阀门等）拆下来移至安全的场所进行动火作业，都应拆下移至安全区域内进行作业，防止意外火灾而导致的事故扩大，以减小动火作业造成灾害的风险，确保设备及人身安全。

## 《安规》对照

**《国家电网公司电力安全工作规程 配电部分（试行）》**

**15.2.11.1** 有条件拆下的构件，如油管、阀门等应拆下来移至安全场所。

**15.2.11.2** 可以采用不动火的方法代替而同样能够达到效果时，尽量采用替代的方法处理。

**15.2.11.3** 尽可能地把动火时间和范围压缩到最低限度。

239

案例34　焊接现场无消防监护

焊接后未清理残留火种

引燃设备

### 事故经过

　　某物流部前铲车司机马某因自己所驾驶的2号铲车座椅开焊，让机修车间机修工张某为其焊接座椅。张某在焊接过程中铲车司机去车站拿钥匙，整个焊接工作由张某独自完成。焊接完成后，张某未认真清理现场残留火种就离开了，等铲车司机马某从车站回来后发现铲车着火。

## 🔍 现场目击

▶▶ 某物流部前铲车司机马某因自己所驾驶的2号铲车座椅开焊，让机修车间机修工张某为其焊接座椅。

▶▶ 在焊接过程中铲车司机马某去车站拿钥匙，整个焊接工作由张某独自完成。

▶▶ 焊接完成后，张某未认真清理现场残留火种就离开了。

▶▶ 等铲车司机马某从车站回来后发现铲车着火。

## 案例警示

（1）作业中断或终结，人员离开工作现场后，现场失去了消防监护，残留火种有可能引起火灾。

（2）动火工作负责人、动火执行人、消防监护人应共同认真清理现场，以便及时发现并处理残留火种，消除火灾事故隐患。

## 《安规》对照

**《国家电网公司电力安全工作规程　配电部分（试行）》**

**15.2.11.5**　动火作业应有专人监护，动火作业前应清除动火现场及周围的易燃物品，或采取其他有效的防火安全措施，配备足够适用的消防器材。

**15.2.11.6**　动火作业现场的通排风应良好，以保证泄漏的气体能顺畅排走。

**15.2.11.7**　动火作业间断或终结后，应清理现场，确认无残留火种后，方可离开。

243

## 16　起重与运输

**案例35**　吊物下方未设警示区

吊物跌落将路过人员砸伤

### 事故经过

　　某厂进行煤仓封堵工作，需将地面物料用吊篮运至30m高的煤仓处。在调运过程中，吊篮碰到墙壁发生旋转倾斜，钢丝绳索脱钩，吊篮跌落。因下方未设警示区，将一名地面工作人员严重砸伤。

## 现场目击

▶▶ 某厂进行煤仓封堵工作。

▶▶ 需将地面物料用吊篮运至30m高的煤仓处。

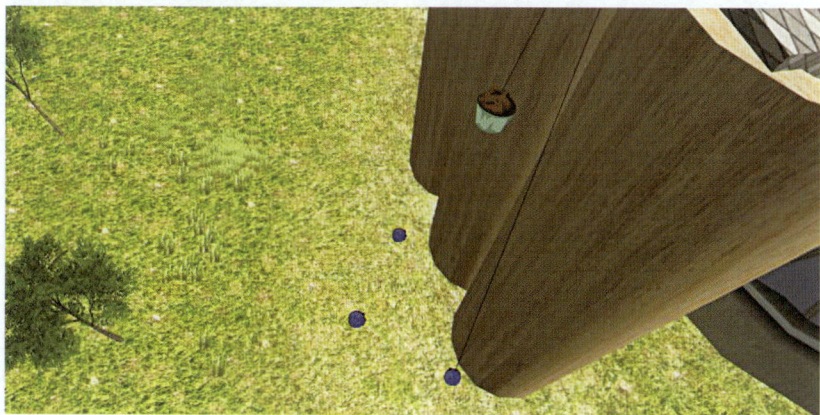

▶▶ 在调运过程中，吊篮碰到墙壁发生旋转倾斜，钢丝绳索脱钩，吊篮跌落。因下方未设警示区。

▶▶ 将一名地面工作人员严重砸伤。

## 案例警示

在起吊、牵引过程中，如果发生操作不当、机械损坏和钢丝绳断裂等意外情况，会对受力钢丝绳周围、上下方、转向滑车内角侧、吊臂和起吊物下面的人员造成抽伤、砸伤等伤害。因此，上述区域严禁人员逗留和通过。

## 《安规》对照

**《国家电网公司电力安全工作规程　配电部分（试行）》**

**16.2.3**　在起吊、牵引过程中，受力钢丝绳的周围、上下方、转向滑车内角侧、吊臂和起吊物的下面，禁止有人逗留和通过。

247

## 17 高处作业

**案例36** 高处作业未采取安全措施
炎热中暑致人员跌落重伤

### 事故经过

某清洁公司在赤峰路20号从事外墙清洁作业，1名作业人员在4楼进行外墙清洁时未设安全网或防护栏杆，也未使用安全带，由于当日天气炎热，作业人员发生高温中暑，不慎从4楼坠落，造成脑部重伤。

## 现场目击

▶▶ 某清洁公司在赤峰路20号从事外墙清洁作业。

▶▶ 1名作业人员在4楼进行外墙清洁时未设安全网或防护栏杆，也未使用安全带。

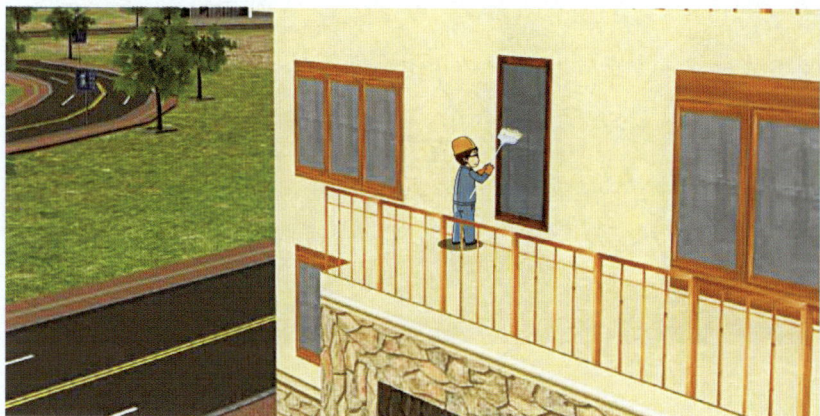

▶▶ 由于当日天气炎热，作业人员发生高温中暑。

▶▶ 不慎从4楼坠落，造成脑部重伤。

## 案例警示

　　高处作业时应采取必要的安全措施。如遇高温天气，作业人员在高处作业可能发生疲惫、中暑等情况，甚至诱发人员坠落事件，所以也应做好防暑降温措施。

## 《安规》对照

**《国家电网公司电力安全工作规程　配电部分（试行）》**

　　**17.1.8** 低温或高温环境下的高处作业，应采取保暖和防暑降温措施，作业时间不宜过长。

　　**17.1.10** 在屋顶及其他危险的边沿工作，临空一面应装设安全网或防护栏杆，否则，作业人员应使用安全带。

251

更多案例请扫描下方二维码观看